高职高专电子信息类专业系列教材

EDA 技术案例教程

(第二版)

史小波　金　曦　贡亚丽　编著

西安电子科技大学出版社

内 容 简 介

　　EDA 技术是当代电子技术人员必须掌握的方法，本书针对高职高专类学生的特点，比较系统地介绍了硬件描述语言 VHDL 的语法规则、程序结构及设计方法，EDA 技术的基本概念和方法，FPGA/CPLD 器件的基本结构和原理以及常用开发工具 Quartus Ⅱ的使用方法。本书力求通俗易懂，突出实用性和可操作性，略去了部分抽象冷僻的内容，重点放在对基本概念和常用方法的讲解上，每部分内容均由大量实例导入，并针对使用中易出现的问题进行重点讲解。

　　本书可作为高职高专电子信息类专业的教学用书，也可作为相关技术人员学习 VHDL 及 EDA 技术的参考书。

图书在版编目（CIP）数据

EDA 技术案例教程 / 史小波，金曦，贡亚丽编著. —2 版. —西安：西安电子科技大学出版社，2022.11
ISBN 978-7-5606-6696-9

Ⅰ. ①E…　Ⅱ. ①史…　②金…　③贡…　Ⅲ. ①电子电路—电路设计—计算机辅助设计—高等职业教育—教材　Ⅳ. ①TN702.2

中国版本图书馆 CIP 数据核字(2022)第 200472 号

策　　划　马乐惠
责任编辑　马乐惠
出版发行　西安电子科技大学出版社（西安市太白南路 2 号）
电　　话　（029）88202421　88201467　　　邮　编　710071
网　　址　www.xduph.com　　　　　　　电子邮箱　xdupfxb001@163.com
经　　销　新华书店
印刷单位　陕西天意印务有限责任公司
版　　次　2022 年 11 月第 2 版　　2022 年 11 月第 1 次印刷
开　　本　787 毫米×1092 毫米　1/16　　　印　张　11.5
字　　数　268 千字
印　　数　1～3000 册
定　　价　29.00 元
ISBN　978-7-5606-6696-9/TN
XDUP　6998002-1
***** 如有印装问题可调换 *****

前 言
Preface

随着电子技术的发展，尤其是超大规模集成电路的发展，电子电路的设计变得越来越复杂。我国集成电路产业起步较晚，集成电路设计人员极度缺乏。近年来，国家对集成电路的重视达到前所未有的程度，已将集成电路产业作为信息产业的重中之重。面对这种形势，各高校都加大了对电子电路设计人才的培养。另一方面，随着 EDA 技术的发展与成熟，电子设计的门槛正在降低，高职高专学生经过适当的学习和培训完全可以从事电子设计工作。

EDA 技术课程要求的前置课程主要有计算机应用基础、数字电子技术等。EDA 技术的教学应围绕"了解基本方法、掌握一种语言、熟悉一种工具"的要求来进行。根据职业教育的特点，可以打破计算机语言的传统教学模式，不必花费大量的时间去系统地学习语法，而应该突出实验实训环节，通过实际的电路设计来帮助学生掌握有关内容。本课程建议教学时数为 64 课时，其中实验实训环节应不少于二分之一。

本书由史小波、金曦、贡亚丽共同编著。其中，第 1 章、第 2 章由史小波编写，第 3 章、第 4 章由金曦编写，第 5 章由史小波、金曦编写，各章习题由贡亚丽编写。本次修订更正了上一版中的一些问题，同时补充、更新了部分内容，使本书内容进一步完善。书中部分器件符号未采用国标，请读者阅读时留意。

由于编写时间仓促，加之作者水平有限，书中难免有疏漏之处，欢迎各院校师生及广大读者批评指正。

编 者
2022 年 6 月

目 录

Contents

第 1 章 绪 论

本章介绍 EDA 技术的基本概念和发展简史、硬件描述语言的基本概念和设计流程、可编程逻辑器件的结构和原理等。本章的内容多是知识性、概念性的，涉及许多名词术语，是后续章节的基础，其中一些内容需要通过后续章节的学习才能进一步理解和掌握。

1.1 什么是 EDA 技术

人类社会已进入高度发达的信息化社会，信息化社会的发展离不开电子技术的进步。现代电子产品在性能提高、复杂度增大的同时，价格却一直呈下降趋势，而且产品更新换代的步伐也越来越快，实现这种进步的主要因素是生产制造技术和电子设计技术的发展。生产制造技术以微细加工技术为代表，目前已进展到纳米阶段，可以在一片指甲大小的芯片上集成数十亿个晶体管；电子设计技术的核心就是 EDA 技术，即 Electronic Design Automation(电子设计自动化)。

EDA 技术就是以计算机为工具，在 EDA 软件平台上用硬件描述语言进行电路设计，然后由计算机自动地完成逻辑编译、综合、分割、优化、布局、布线和仿真，直至对于特定目标芯片的适配编译、逻辑映射和配置下载等工作。EDA 技术融合了电子技术、计算机技术、信息技术和智能化技术的最新成果，极大地提高了电子电路设计的效率和可操作性，减轻了设计人员的工作强度。这类软件目前已有很多种，其主要功能是辅助进行三方面的设计工作：芯片设计、电子电路设计、PCB 设计。没有 EDA 技术的支持，想要完成上述超大规模集成电路的设计制造是不可想象的。反过来，生产制造技术的不断进步又必将对 EDA 技术提出新的要求。回顾 EDA 技术的发展历程，可将电子设计技术分为三个阶段。

20 世纪 70 年代为 CAD(Computer Aided Design)阶段。此阶段人们开始用计算机辅助进行 IC 版图编辑、PCB 布局布线，计算机取代了手工操作，产生了计算机辅助设计的概念。

20 世纪 80 年代为 CAE(Computer Aided Engineering)阶段。与 CAD 相比，此阶段除了纯粹的图形绘制功能外，又增加了电路功能设计和结构设计，并且通过电气连接网络表将两者结合在一起，实现了工程设计，这就是计算机辅助工程的概念。CAE 的主要功能包括原理图输入、逻辑仿真、电路分析、自动布局布线、PCB 后分析等。

这一时期还提出了用"语言"进行电路设计的思想，从而使超大规模集成电路的设计成为可能，为 EDA 技术的发展奠定了基础。

20 世纪 90 年代为 EDA 阶段。尽管 CAD/CAE 技术取得了巨大的成功，但并没有把人从繁重的设计工作中彻底解放出来。在整个设计过程中，自动化和智能化程度还不高，各种 EDA 软件界面千差万别，学习和使用都比较困难，并且互不兼容，直接影响到设计环节间的衔接。基于以上不足，人们开始追求整个设计过程的自动化，这就是 EDA，即电子设计自动化。

    EDA 代表了当今电子设计技术的最新发展方向，它的基本特征是使用硬件描述语言 (Hardware Description Language，HDL)进行电子设计。设计人员按照"自顶向下" (Top-Down)的设计方法，首先对整个系统进行方案设计和功能划分，然后采用硬件描述语言对系统的功能进行描述，并对系统的行为进行仿真和验证，再通过综合优化工具生成门级网表(表示低层电路连接方式的文件)，最后在可编程逻辑器件或专用集成电路 (Application Specific Integrated Circuit，ASIC)芯片上完成物理实现。这样的设计方法称为高层次的电子设计方法。

    电子设计大致可分为物理级设计、电路级设计和系统级设计三个层次。

    物理级设计是指集成电路掩膜版图的设计，通常由专业的设计公司完成。本书不涉及这方面的内容。

    电路级设计工作流程如图 1-1 所示。电子工程师接受系统设计任务后，首先确定设计方案，同时要选择能实现该方案的合适元件，然后根据具体的元件设计电路原理图。接着进行第一次仿真，包括数字电路的逻辑模拟、故障分析，模拟电路的交直流分析、瞬态分析。系统在进行仿真时，必须要有元件模型库的支持，计算机上模拟的输入输出波形代替了实际电路调试中的信号源和示波器。这一次仿真主要是检验设计方案在功能方面的正确性。

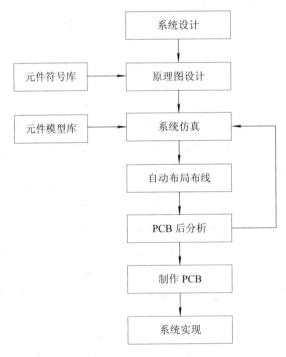

图 1-1 电路级设计工作流程

    仿真通过后，根据原理图产生的电气连接网络表进行 PCB 的自动布局布线。在制作 PCB 之前还可以进行后分析，包括热分析、噪声及串扰分析、电磁兼容分析、可靠性分析等，并且可以将分析后的结果参数反标回电路图，进行第二次仿真，也称为后仿真。这一次仿真主要是检验 PCB 在实际工作环境中的可行性。

    由此可见，电路级的设计技术使电子工程师在实际的电子系统产生前，就可以全面地了解系统的功能特性和物理特性，从而将开发风险消灭在设计阶段，缩短了开发时间，降低了开发成本。

进入 20 世纪 90 年代，电子信息类产品的开发明显出现两个特点：一是产品的复杂程度加深；二是产品的上市时限紧迫。然而电路级设计本质上是基于门级描述的单层次设计，设计的所有工作(包括设计输入、仿真和分析、设计修改等)都是在基本逻辑门这一层次上进行的，显然这种设计方法不能适应新的形势，而 EDA 技术则引入了一种高层次的电子设计方法，也称为系统级的设计方法。

高层次设计是一种"概念驱动式"设计，设计人员无需通过门级原理图描述电路，而是针对设计目标进行功能描述。由于摆脱了电路细节的束缚，设计人员可以把精力集中于创造性的方案与概念构思上，一旦这些概念构思以高层次描述的形式输入计算机，EDA 系统就能以规则驱动的方式自动完成整个设计。这样，新的概念得以迅速有效地成为产品，大大缩短了产品的研制周期。不仅如此，高层次设计只是定义系统的行为特性，可以不涉及实现工艺，在厂家综合库的支持下，利用综合优化工具可以将高层次描述转换成针对某种工艺优化的网表，使工艺转化变得轻松容易。具体的系统级设计工作流程如图 1-2 所示。

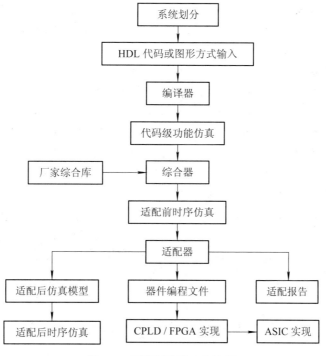

图 1-2　系统级设计工作流程

高层次设计步骤如下：

第一步：确定设计方案。

按照"自顶向下"的设计方法进行系统规划。

第二步：设计输入。

输入 HDL 代码，这是高层次设计中最为普遍的输入方式。此外，还可以采用图形输入方式(原理图、状态图、波形图等)，此方式具有直观、容易理解的优点。

第三步：源代码仿真。

对于大型设计，还要进行代码级的功能仿真，主要是检验系统功能设计的正确性，因为对于大型设计，综合、适配要花费数小时，在综合前对源代码仿真，就可以大大减少设计重复的次数和时间。一般情况下，可略去这一步骤。

第四步：综合(Synthesize)。

利用综合器对 HDL 源代码进行综合优化处理，生成门级描述的网表文件，这是将高层次的语言描述转化为硬件电路的关键步骤。综合优化是针对 ASIC 芯片供应商的某一产品系列进行的，所以综合的过程要在相应的厂家综合库的支持下才能完成。综合后，可利用产生的网表文件进行适配前的仿真，仿真过程不涉及具体器件的硬件特性，是较为粗略的。一般设计中，这一仿真步骤也可略去。

第五步：适配(Fit)。

利用适配器将综合后的网表文件针对某一具体的目标器件进行逻辑映射操作，包括底层器件配置、逻辑分割、逻辑优化、布局布线。适配完成后，产生多项设计结果：① 适配报告，包括芯片内部资源利用情况，设计的布尔方程描述情况等；② 适配后的仿真模型；③ 器件编程文件。根据适配后的仿真模型，可以进行适配后的时序仿真，因为已经得到器件的实际硬件特性(如时延特性)及结构细节，所以仿真结果能比较精确地预测未来芯片的实际性能。如果仿真结果达不到设计要求，就需要修改 HDL 源代码或选择不同速度品质的器件，直至满足设计要求。

第六步：器件编程(Program)或配置(Configure)。

器件编程或配置即设计的实现。将适配器产生的器件编程文件通过编程器或下载电缆载入目标芯片 FPGA 或 CPLD 中，即对 FPGA 或 CPLD 芯片进行编程或配置，使它们实现设计的功能。通常将对 CPLD 的下载称为编程，对 FPGA 的下载称为配置。如果是大批量产品开发，通过更换相应的厂家综合库，可以很容易转由 ASIC 形式来实现。

目前，世界上一些大型 EDA 公司所开发的软件系统如 Cadence、Mentor、Synopsys 等已能涵盖系统级设计的各个环节，这类软件价格昂贵而且是运行于工作站上的，通常只有专业的设计公司才会使用。随着新技术和新工艺的出现，这些软件也在不断地更新与升级。

此外，各大半导体器件生产商也推出了一些 EDA 软件，如 Lattice 公司的 isp Design Expert、Altera 公司的 QuartusⅡ、Xilinx 公司的 Fundation 等。这类软件除了可以进行电路设计和仿真外，还可以直接对相应的器件进行编程和配置，在实际中得到了广泛的应用。

1.2　为什么要用硬件描述语言

随着电子技术的发展，电子电路的设计变得越来越复杂，使用硬件描述语言进行电子电路的设计已成为一种趋势。所谓硬件描述语言，就是可以描述硬件电路功能、信号连接关系以及延时关系的语言。与电路原理图比较，硬件描述语言能更有效地表示硬件电路的特性。利用硬件描述语言来表示逻辑部件及系统硬件的功能和行为，是 EDA 设计方法的一个重要特征。

下面通过一个简单的例子来初步了解使用硬件描述语言进行电路设计的优势。假设要设计一个一位半加器(无进位输入的加法器称为半加器)，输入是 A 和 B，输出是 S0 和 C0，其中 S0 是和，C0 是进位。根据加法器的功能，可以列出如表 1-1 所示的真值表。

表 1-1　一位半加器真值表

A	B	S0	C0
0	0	0	0
0	1	1	0
1	0	1	0
1	1	0	1

　　按照传统的设计方法，我们首先要画出电路原理图，这需要具备一定的专业知识和经验才能完成。根据真值表，可以列出一位半加器的逻辑表达式为

$$C0 = A \cdot B$$
$$S0 = A \oplus B$$

　　根据逻辑表达式可以得出如图 1-3 所示的电路原理图。

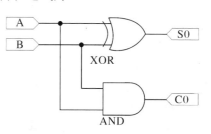

图 1-3　一位半加器原理图

　　然后选择标准集成电路元件，如与门选用 74LS08、异或门选用 74LS86 等，再根据电路原理图设计出印制电路板图，最后对电路进行组装与调试。

　　可见，传统的设计方法要求设计人员具有丰富的硬件知识，当电路比较复杂时，设计、调试、修改都将变得十分困难，这显然不符合现代电子技术高速发展的需要。

　　使用硬件描述语言进行设计时，加法器的功能只需要一条语句，比如 A + B = C，即可实现，设计者不必了解具体的硬件结构，设计完成后，可以在计算机上进行仿真和验证，以保证设计的正确性。另外，硬件描述语言是文档型语言，便于保存和管理，且又是标准化的语言，开发工具也是规范化的，因此设计成果是通用的、可移植的，从而可以大大提高设计效率，缩短设计周期，降低设计成本。如今，电子技术人员只要有一台电脑、一套 EDA 软件就能在家中进行大规模的集成电路和数字系统设计。未来的 EDA 技术将会超越电子技术的范畴进入其他领域，电子系统的设计与规划将不再是电子工程师们的专利，这在过去是无法想象的。

　　目前最主要的用于硬件电路设计的语言是 VHDL 和 Verilog HDL。VHDL 发展得较早，语法严格；而 Verilog HDL 是在 C 语言的基础上发展起来的一种硬件描述语言，语法较自由(目前 ASIC 设计多采用 Verilog 语言)。从国内来看，VHDL 的参考书很多，便于查找资料，而 Verilog HDL 的参考书则较少，这给学习 Verilog HDL 带来一些不便。目前，VHDL 和 Verilog HDL 作为 IEEE 的标准硬件描述语言，得到了众多 EDA 公司的支持，在电子工程领域，已成为事实上的通用硬件描述语言。有专家认为，在 21 世纪，VHDL 和 Verilog 语言将承担起大部分的数字系统设计任务。本书的重点内容之一就是 VHDL。

　　VHDL 是 Very high speed integrated circuit Hardware Description Language(超高速集成电路硬件描述语言)的简称，诞生于 1982 年。1987 年底，VHDL 被 IEEE(Institute of Electrical and Electronic Engineer，电气和电子工程师协会)和美国国防部确认为标准硬件描述语言。自 IEEE 公布了 VHDL 的标准版本 IEEE-1076(简称 87 版)之后，各 EDA 公司相继推出了自

己的 VHDL 设计环境，或宣布自己的设计工具可以和 VHDL 接口。此后 VHDL 在电子设计领域得到了广泛认可，并逐步取代了原有的非标准的硬件描述语言。1993 年，IEEE 对 VHDL 进行了修订，从更高的抽象层次和系统描述能力上扩展 VHDL 的内容，公布了新版本的 VHDL，即 IEEE-1076-1993 版本(简称 93 版)。

　　VHDL 主要用于描述数字系统的结构、行为、功能和接口。除了含有许多具有硬件特征的语句外，VHDL 的语言形式和描述风格与句法是非常类似于一般的计算机高级语言的。VHDL 的程序结构特点是将一项工程设计，或称设计实体(可以是一个元件、一个电路模块或一个系统)分成外部(或称可视部分，即端口)和内部(或称不可视部分)，即涉及实体的内部功能和算法完成部分。在对一个设计实体定义了外部端口后，一旦其内部开发完成，其他的设计就可以直接调用这个实体。这种将设计实体分成内外部分的概念是 VHDL 系统设计的基本点。

　　在应用 VHDL 描述数字系统时，采用 Entity-Architecture(实体-结构体)结构。Entity 描述数字系统的输入输出接口，Architecture 中定义一些全局信号、变量、常量以及与其他电路(程序模块或逻辑图模块)之间连接所需的拓扑结构。Entity 并不对电路的功能做任何描述，可将其看成一个"黑盒子"。很明显，VHDL 遵循 EDA 解决方案中自顶向下的设计原则，并能够保持良好的接口兼容性。Entity 和 Architecture 总是成对出现的，它们是 VHDL 描述电路时的主要结构。

　　VHDL 具有很多方面的优点。首先，VHDL 可以用来描述逻辑设计的结构，比如逻辑设计中有多少个子逻辑，而这些子逻辑是如何连接的。除此之外，VHDL 并不十分关心一个具体逻辑是靠何种电路实现的，设计者可以把精力集中到电路所实现的功能上。VHDL 采用类似高级语言的语句格式完成对硬件行为的描述，这就是为什么称 VHDL 为行为描述语言的原因。VHDL 所给出的逻辑的模拟与调试为设计者提供了最大的空间，用户甚至不必编写任何测试向量便可以进行源代码级的调试。设计者可以非常方便地比较各种方案的可行性和优劣，从而大大地降低了设计的难度。VHDL 描述能力强，覆盖了逻辑设计的诸多领域和层次，并支持众多的硬件模型。设计者的原始描述是非常简练的硬件描述，经过 EDA 工具处理最终生成付诸生产的电路描述或版图参数描述的工艺文件。VHDL 具有良好的可读性，而且它所包含的设计实体(Design Entity)、程序包(Package)、设计库(Library)为设计人员重复利用别人的设计成果提供了技术手段。

　　利用 VHDL 进行数字系统硬件设计是从系统总体要求出发，自上而下(Top-Down)地逐步将设计内容细化，最后完成系统硬件的整体设计。在设计输入(Design Entry)时可以采用电路原理图或 VHDL 的方式进行，一般使用芯片生产商提供的一些开发工具，如 Altera 公司的 Quartus II、Lattice 公司的 isp Design Expert 等。然后是最重要的一步——逻辑综合(HDL Synthesize)。综合一般由三个过程组成，即 HDL 综合(Language Synthesis 或 HDL Complication)、逻辑优化(Netlist Optimizations)和工艺映射(Technology Mapping)。前两个过程很好理解，最后一个过程是为了适合不同的编译器而生成 EDIF(Electronic Design Interchange Format，电子设计交换格式)文件，也有的生成 AHDL、DSL、QDIF、XNF 等内部网单描述文件。这时往往需要使用第三方软件，比较常见的有 Exemplar 公司的 Leonardo Spectrum 和 Synplicity 公司的 Synplify 等。一般这类工具都采用 B.E.S.T.(Behavior Extracting Synthesis Technology)和 SCOPE (Synthesis Constrains Optimization Environment)这两种技术来提高 VHDL 逻辑综合的效率和可靠性。另外这些工具在生成 EDIF 文件的同时还生成 VHDL 格式的网单，用于逻辑功能仿真(Functional Simulator)。

逻辑功能仿真即适配前仿真，是在适配下载前的功能模拟，它仅仅验证逻辑的正确性。在早期的 EDA 解决方案中，一般采用编写向量或加激励波形的方法来描述，但这只能对逻辑的输出信号进行模拟，而对于一些重要的内部信号则无能为力。采用 VHDL 后可以借助 HDL Synthesis 生成的 VHDL 格式的内部网单，使用一些特殊的调试器，对 VHDL 源程序进行类似于高级语言调试的单步跟踪调试。这样，不仅可以观察重要的内部信号，而且可以清楚看到程序执行的流程。比较常用的调试器有 Aldec 的 Active HDL 等。

接下来就是适配 Fitter(Place&Route)，这时要用各个芯片厂商提供的编译器(Target Compiler)来生成配置文件，用于下载(Download)和逻辑编程。在生成了 JEDEC 格式文件后，一般还要经过时序模拟(Timing Simulation)，即对电路的工作频率、工作延时做一定的模拟，虽然仍会与实际情况有一定的误差，但这一步模拟是必需的。

最后的硬件设计可以采用两种方法来完成：第一种是由自动布局布线软件根据芯片厂家的制造工艺生成版图，制造出 ASIC 芯片；第二种是将输出文件转换成可编程逻辑器件(如 FPGA，现场可编程门阵列)的编程文件，利用 FPGA 完成硬件电路设计。

硬件描述语言虽然在形式上和一般的软件编程语言很相似，但本质上是完全不同的。我们知道，普通的软件语言是在 CPU 的控制下按时钟的节拍逐条顺序运行的，而硬件描述语言最终是在目标芯片中转换成具体的硬件电路的。

硬件描述语言(HDL)和传统的原理图设计方法的关系就好比是高级语言和汇编语言的关系。HDL 的可移植性好，使用方便，但效率不如原理图设计；原理图设计的可控性好，效率高，比较直观，但设计大规模电路时显得比较困难。在真正的电子设计中，通常建议采用原理图和 HDL 相结合的方法来设计，适合用原理图的地方就用原理图，适合用 HDL 的地方就用 HDL，并没有强制的规定。在最短的时间内，用自己最熟悉的工具设计出高效、稳定、符合设计要求的电路才是我们的最终目的。

硬件电路和软件相比有许多优势，最突出的是高速和高可靠性。硬件电路的延迟时间可以达到纳秒级，且电路中的各个部分是可以并行(同时)工作的，这显然比软件的运行方式快得多。只要设计得当，硬件电路的可靠性也比软件好得多，不会出现软件运行时可能出现的程序跑飞或陷入非法循环等问题。事实上，对超高速应用和对实时性要求很高的应用，用软件来实现往往是不可能的。此外，随着大规模集成电路技术的发展，现在已可以将整个系统制造在一个芯片中，实现所谓的单片系统 SOC(System On a Chip)，这不仅缩小了系统的体积，也大大提高了系统工作的可靠性。

1.3 可编程逻辑器件的结构与原理

以上介绍的 EDA 软件和 VHDL 都属于开发工具，与开发工具同样重要的是器件。可编程逻辑器件(Programmable Logic Device，PLD)是一种大规模集成电路，顾名思义，它是一种功能由用户自定义的器件，用户可以通过对可编程逻辑器件的编程来实现特定的电路功能，它是 EDA 技术中常用的目标器件。可编程逻辑器件从结构上可分为 CPLD (Complex

Programmable Logic Device，复杂可编程逻辑器件)和 FPGA(Field Programmable Gate Array，现场可编程门阵列)两类。与 ASIC 方式相比，可编程逻辑器件具有更多的灵活性，既适合于短研制周期、小批量产品开发，也适用于大批量产品的样品研制。

可编程逻辑器件种类繁多、性能各异，主要的生产商有 Xilinx 公司、Altera 公司、Lattice 公司等。

1.3.1　CPLD 的结构和原理

由逻辑代数可知，任何一种逻辑关系都可以用与或表达式来表示，即表示为若干个乘积项(与项)相或的形式。CPLD 正是利用这一结论，通过与或阵列和存储元件(触发器)来实现各种逻辑电路功能的。因此，CPLD 也称为基于乘积项(Product-Term)的 PLD。

CPLD 代表性的产品有 Altera 公司的 MAX7000、MAX3000 系列，Xilinx 公司的 XC9500 系列以及 Lattice 公司和 Cypress 公司的大部分产品。下面来看一下这种 PLD 的总体结构(以 MAX7000 为例，其他型号的结构与此都非常相似)。

如图 1-4 所示，这种 PLD 可分为三块：逻辑阵列块(LAB)、可编程连线阵列(PIA)和 I/O 控制块。每个逻辑阵列块由 16 个宏单元(Macrocell)组成(因为宏单元较多，故图中没有一一画出)。宏单元是 PLD 的基本结构，由它来实现基本的逻辑功能。可编程连线阵列负责各个 LAB 之间的连接，所有专用输入、I/O 引脚和宏单元的输出都送到 PIA，PIA 可以把这些信号传送到器件内的各个地方。I/O 控制块负责输入输出的电气特性控制，比如可以设定 I/O 引脚为输入、输出或双向工作方式，也可设定为三态输出、漏极开路输出等。

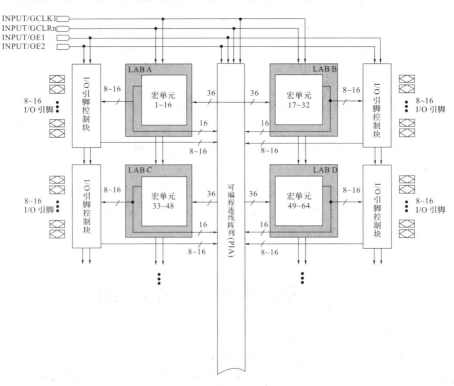

图 1-4　基于乘积项的 PLD 内部结构

图 1-4 左上角所示的 INPUT/GCLK1、INPUT/GCLRn、INPUT/OE1、INPUT/OE2 分别是全局时钟、清零和输出使能信号，这几个信号由专用连线与 PLD 中的每个宏单元相连，信号到每个宏单元的延时相同并且延时最短。

宏单元的具体结构如图 1-5 所示。

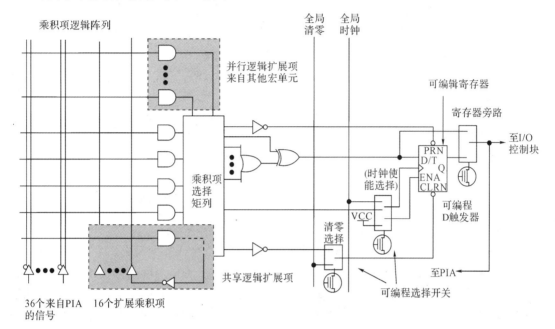

图 1-5　宏单元结构

图 1-5 中左侧所示的乘积项逻辑阵列是一个与或阵列，它可以给每个宏单元提供 5 个乘积项，乘积项选择矩阵用于把这些乘积项分配到后面的或门和异或门，以实现组合逻辑。每个乘积项可以反相后回送到逻辑阵列，这些可共享的乘积项能够连到同一个 LAB 中的任何一个乘积项的输入上。EDA 软件可以自动优化乘积项的分配。图 1-5 右侧所示的是一个可编程 D 触发器，它的时钟、清零信号都可以通过编程来选择，可以使用专用的全局清零和全局时钟，也可以使用内部逻辑(乘积项逻辑阵列)产生的时钟和清零。如果不需要触发器，也可以将此触发器旁路，信号直接输给 PIA 或输出到 I/O 引脚。

下面以一个简单的电路为例，具体说明 CPLD 是如何利用以上结构实现逻辑功能的。我们仍以上面提到的一位半加器为例，输入是 A 和 B，输出是 S0 和 C0，其中 S0 是和，C0 是进位。

根据真值表(见表 1-1)，可以写出一位半加器的与或表达式：

$$C0 = A \cdot B$$
$$S0 = A \oplus B = \overline{A}B + A\overline{B}$$

显然，这样的与或表达式可以在宏单元的与或阵列中实现。下面先了解一下与或阵列中常用的简化图形画法。

图 1-6 所示为阵列中连接关系的表示方法。十字交叉线表示两根线未连接；交点上打黑点表示两根线是固定连接，即 PLD 出厂时已连接；交点上打叉表示该点可编程，即连接与否可通过用户编程来改变。

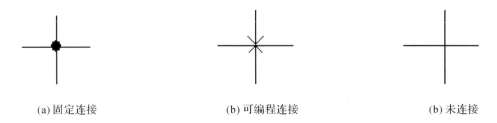

(a) 固定连接   (b) 可编程连接   (b) 未连接

图 1-6 与或阵列线连接表示法

图 1-7 所示为多输入与门、或门的简化画法，通过编程，可以在阵列的多个输入中选择任一组或全部输入与门和或门。

(a) 与阵列的表示   (b) 或阵列的表示

图 1-7   PLD 中与或阵列的表示法

图 1-8 所示为一个简化的与或阵列，由 4 个与阵列和 2 个或阵列组成。两个输入信号(A、B)经过缓冲互补输出进入与阵列，每个与阵列输出一个乘积项，与阵列的输出进入或阵列，最终结果从或阵列输出。图 1-8 显示了一位半加器在与或阵列中的实现方式，图中的连接点是由 EDA 工具软件根据设计文件自动生成的。读者可自行写出 S0、C0 的输出表达式。

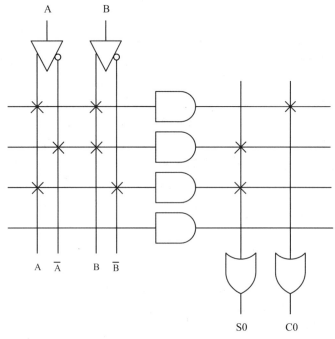

图 1-8   在与或阵列中实现半加器

不难看出，与或阵列只能实现组合逻辑功能，而在宏单元中还含有可编程触发器，可以用来保存与或阵列的输出状态，从而实现时序逻辑功能。对于复杂的电路，一个宏单元往往是不能实现的，这时就需要通过并联扩展项和共享扩展项将多个宏单元相连，宏单元的输出也可以连接到可编程连线阵列，再作为另一个宏单元的输入。这样，CPLD 就可以实现更复杂的逻辑功能了。

1.3.2 FPGA 的结构和原理

FPGA 采用查找表结构。查找表(Look-Up-Table，LUT)本质上就是一个 RAM。目前，FPGA 中多使用 4 输入的 LUT，所以每一个 LUT 可以看成一个有 4 位地址线的 16×1 位的 RAM。当用户通过原理图或 HDL 描述了一个逻辑电路以后，EDA 工具软件就会自动计算逻辑电路所有可能的结果，并把结果事先写入 RAM，这样，每输入一个信号进行逻辑运算就等于输入一个地址进行查表，找出地址对应的内容，然后输出即可。表 1-2 所示为一个用查找表实现逻辑电路功能的例子。

表 1-2 用查找表实现 4 输入与门

实际逻辑电路		LUT 的实现方式	
a, b, c, d 输入	逻辑输出	地址	RAM 中存储的内容
0000	0	0000	0
0001	0	0001	0
0010	0	0010	0
...	0	...	0
1111	1	1111	1

与门的 4 个输入(a，b，c，d)可以作为 RAM 的地址线，EDA 工具软件根据设计文件计算出每个地址对应的内容，并写入 RAM，当输入某个地址时，RAM 就能输出相应的数据，从而实现设计功能。显然，LUT 只能实现组合逻辑功能，而在 FPGA 中还含有可编程触发器，可以用来存储电路的工作状态，实现时序逻辑功能。

下面以 Altera 公司的 FLEX/ACEX 系列为例，介绍一下 FPGA 的内部结构。

如图 1-9 所示，FPGA 的内部结构主要包括逻辑阵列块(LAB)、I/O 单元(IOE)和可编程行/列连线。LAB 按行和列排成一个矩阵，每一行中还放置了一个嵌入式阵列块(EAB)(图中未表示)。

嵌入式阵列块(EAB)是一种输入输出端带有寄存器的非常灵活的 RAM，它既可以配置为存储器使用，也可以实现逻辑功能。

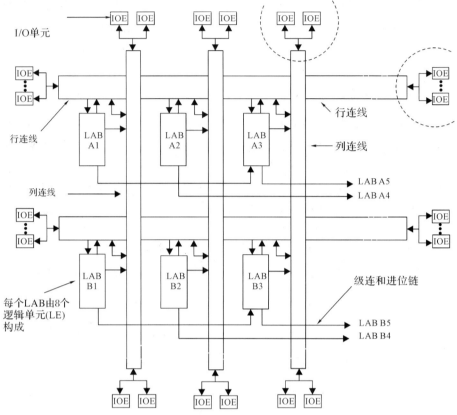

图 1-9　FPGA 的内部结构

在 FLEX/ACEX 中，一个 LAB 包括 8 个逻辑单元(LE)，每个 LE 包括一个 LUT、一个触发器和相关的控制逻辑。LE 是 FPGA 实现逻辑功能的最基本结构，如图 1-10 所示。

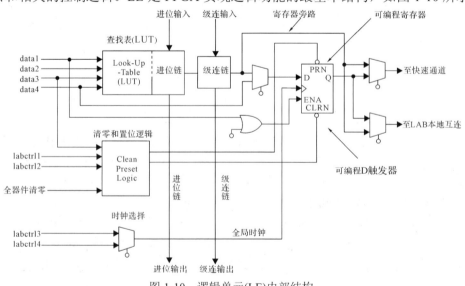

图 1-10　逻辑单元(LE)内部结构

图 1-10 中所示的进位链提供了 LE 之间非常快的向前进位功能。利用进位链能实现高速计数和任意位数的加法；利用级连链，可以实现输入量很多的逻辑函数，相邻的 LE 并

行地计算函数的各个部分，然后用级连链把中间结果串连起来。

　　快速通道是一系列水平和垂直的连续式布线通道，采用这种布线结构，即使对于复杂的设计也可预测其性能。IOE 由一个双向 I/O 缓冲器和一个输入输出寄存器组成。I/O 缓冲器可设定电压摆率(Slew Rate)，配置成低噪声或高速模式，而且每个引脚还可设置为集电极开路输出方式。

　　综上所述，可编程逻辑器件的两种主要类型是现场可编程门阵列(FPGA)和复杂可编程逻辑器件(CPLD)。在这两类可编程逻辑器件中，FPGA 提供了更高的逻辑密度、更丰富的特性和更高的性能。进入 21 世纪以来，可编程逻辑器件取得了巨大的技术进步，现在最新的 FPGA 器件提供的"逻辑门"(相对逻辑密度)已达千万门以上，被广泛应用于从数据处理与存储到仪器仪表、电信和数字信号处理等各个领域，已成为数字系统解决方案的当然之选。

1.4　IP　核

　　除了前面介绍的基于乘积项和基于查找表的基本结构外，可编程逻辑器件通常还包含各种内嵌功能模块，如加法器、乘法器、RAM、PLL 等，从而产生了 SOPC(System On a Programmable Chip，可编程片上系统)的概念。可编程片上系统(SOPC)利用可编程逻辑技术把整个电子系统放到一块硅片上，即由单个芯片完成整个系统的主要功能。SOPC 是一种特殊的嵌入式系统，首先它是片上系统(SOC)，其次它是可编程系统，具有灵活的设计方式，可裁减、可扩充、可升级，并具备在系统编程(ISP)的功能。

　　同样重要的是，可编程逻辑器件如今有越来越多的知识产权(Intellectual Property，IP)核的支持。IP 核是指由专业设计公司推出的，将一些在数字系统中常用但比较复杂的功能，设计成可修改参数的模块。目前，IP 核已包括从 D/A 转换器、FIR 滤波器、存储/控制器、总线接口直到数字信号处理器、微处理器在内的一切功能模块，用户可利用这些预定义和预测试的模块在 PLD 内迅速实现系统功能。

　　IP 核(IP Core)有三种不同的形式：HDL 语言形式、网表形式、版图形式，分别对应于通常所说的三类 IP 核：软核、固核和硬核。这种分类主要依据产品交付的方式，而这三种 IP 核的实现方法也各具特色(见图 1-11)。

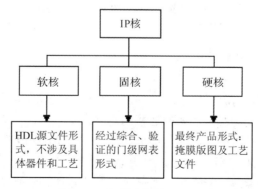

图 1-11　知识产权核

　　软核(Soft Core)是用 VHDL 等硬件描述语言描述的功能块，通常与工艺无关，具有寄存器传输级硬件描述语言描述的设计代码，但是并不涉及用什么具体器件实现这些功能。由于不涉及物理实现，因此软核为后续设计留有很大的发挥空间，增加了灵活性和适应性，但性能上也不可能获得全面的优化。软核通过逻辑综合、时序仿真等过程就形成了固核(Firm Core)。固核指定了制造工艺，通常以门级网表的形式呈现。硬核(Hard Core)则是设计阶段的最终产品，对应于特定的工艺形式、物理实现方式，并对功耗、尺寸和性能进行了优化，通常以完成布局布线的网表、特定工艺库或全定制物理版图形式呈现。

1.5　JTAG 边界扫描测试技术

随着微电子技术、封装技术、印制电路板制造技术的发展，电子产品变得越来越小，密度越来越大，复杂程度越来越高。在这种情况下，对芯片和电路板的测试分析、故障诊断变得越来越困难。面对这种发展趋势，20 世纪 80 年代，联合测试行动组(Joint Test Action Group，JTAG)制定了边界扫描测试技术规范。

边界扫描的基本思想是在芯片的输入输出引脚旁增加一个移位寄存单元，用于对芯片进行检测和控制。JTAG 标准定义了一个串行移位寄存器，寄存器的每个单元分配给芯片的各个引脚，由于它们分布于芯片四周，故称为边界扫描单元(Boundary-Scan Cell，BSC)。BSC 在芯片内部串联在一起，构成一个串行移位寄存器，称为边界扫描寄存器(Boundary-Scan Register，BSR)。当芯片处于测试状态时，边界扫描寄存器被 JTAG 测试激活，通过边界扫描单元和一些附加的逻辑控制，就可以实现对芯片内部的检测和控制。在平时状态下，边界扫描寄存器对芯片来说是透明的，对芯片的正常运行没有任何影响(见图 1-12)。

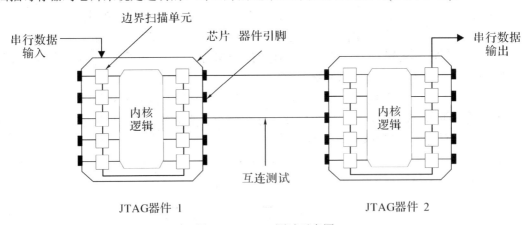

图 1-12　JTAG 测试示意图

JTAG 测试允许多个器件通过 JTAG 接口串联在一起，形成一个 JTAG 链，能实现对各个器件的分别测试以及对器件之间的连接的测试。

JTAG 边界扫描测试是一种国际标准测试协议(IEEE1149.1-1990)，主要用于芯片内部测试及对系统进行仿真、调试。JTAG 测试是一种嵌入式调试技术，它在芯片内部加入了专门的测试电路 TAP(Test Access Port，测试访问端口)，JTAG 测试信号通过 TAP 控制边界扫描寄存器的工作，对器件内部节点进行扫描测试。如今，大多数的复杂器件都支持 JTAG 协议，如 FPGA/CPLD 器件、微处理器、DSP 等。

标准的 JTAG 接口有 4 线和 5 线之分。TMS、TCK、TDI、TDO 分别为测试模式选择、测试时钟、测试数据输入和测试数据输出(见表 1-3),支持 JTAG 协议的器件都有这些引脚;而 TRST(测试复位输入)在 IEEE1149.1 标准里是可选的,并不是强制要求的。

表 1-3 JTAG 测试引脚功能

引 脚	描 述	功 能
TCK	测试时钟信号输入	输入到边界扫描电路,一些操作发生在上升沿,一些发生在下降沿
TDI	测试数据输入	测试指令和编程数据的串行输入引脚,数据在 TCK 的上升沿移入
TDO	测试数据输出	测试指令和编程数据的串行输出引脚,数据在 TCK 的下降沿移出;如果数据没有被移出,该引脚处于高阻态
TMS	测试模式选择	控制信号输入引脚,负责 TAP 的状态转换;TMS 必须在 TCK 上升沿到来之前稳定
TRST	测试复位输入	低电平有效,异步复位边界扫描电路(可选)

JTAG 接口还可用于对器件进行编程和配置,实现在系统编程(In-System Programmer, ISP)。传统生产流程中,要先对芯片进行编程和配置,然后再将其安装到印制电路板上;而采用 ISP 方式则可以先将芯片安装到电路板上,再通过 JTAG 接口进行编程,从而简化了工艺流程,大大加快了工程进度。

1.6 习 题

一、名词解释

1. EDA   2. HDL   3. IEEE   4. CPLD   5. FPGA   6. ASIC   7. SOPC
8. LAB   9. LUT   10. IP Core   11. ISP   12. JTAG

二、简答题

1. 什么是 EDA 技术?简述其工作流程。

2. 什么是逻辑综合(Synthesize)?它主要完成哪些工作?

3. 根据可编程逻辑器件的结构和原理,可将其分为基于乘积项和基于查找表两大类,简述这两类可编程逻辑器件的基本结构和原理。

4. 什么是"自顶向下"的设计方法?它与传统的电子设计方法有何不同?

5. 用硬件描述语言进行电子设计有哪些优点?

三、填空题

1. 目前使用较多的 EDA 软件有_____、_____、_____和_____。

2. 常用的电子设计输入方式有_____、_____和_____。

3. 常用的硬件描述语言有_____和_____。

4. 可编程逻辑器件技术经历了_____、_____和_____三个发展阶段。

5. 目前市场份额较大的生产可编程逻辑器件的公司有_____、_____和_____。

6. 常用的 FPGA 配置方式有_____、_____和_____。

7. 球状封装的英文缩写是_____，在系统可编程的英文缩写是_____。

8. 传统的电路设计方法采用的是_____的系统设计方法，而基于 EDA 技术的设计方法采用的是_____的系统设计方法。

9. 1987 年底，VHDL 被 IEEE 和美国国防部确认为_____。具备_____描述能力的硬件描述语言是实现_____设计方式的基本保证。专家认为，VHDL 语言与_____语言将承担起数字系统的设计任务。

10. 基于_____结构的 PLD 通常称为 CPLD，CPLD 内部分为三块结构：_____、_____和_____；基于_____结构的 PLD 通常称为 FPGA，FPGA 的结构主要包括_____、_____和_____。

11. 断电后数据不会丢失的是_____芯片，数据会丢失的是_____芯片，因此实验时多采用_____芯片。通常我们将对 CPLD 的下载称为_____，对 FPGA 的下载称为_____。

第 2 章　VHDL 的结构与要素

通过上一章的学习我们知道,EDA 技术的一个重要特征就是可以用硬件描述语言(HDL)来进行电路设计。硬件描述语言虽然在形式上和一般的软件编程语言很相似,但本质上是完全不同的,一般的软件语言是在 CPU 的控制下,按时钟信号的节拍逐条顺序运行来实现相应的功能的;硬件描述语言则是使用专门的 EDA 工具软件,经过逻辑综合等一系列处理,生成可编程逻辑器件的编程文件或芯片制造用的版图文件,然后在 FPGA 上或是在半导体晶片上制成具体的硬件电路。也就是说,硬件描述语言的程序功能是由硬件电路来实现的。

硬件描述语言是标准化的语言,开发工具也是规范化的,因此设计成果是通用的、可移植的,从而可以大大提高设计效率、缩短设计周期、降低设计成本。掌握一门硬件描述语言对今天的电子技术人员是必不可少的。

下面我们开始 VHDL 的学习。

2.1　了解 VHDL 的基本结构

2.1.1　案例分析

多路开关也称数据选择器(multiplexer),是一种基本的组合逻辑电路,可以从多个输入中选择一路输出。下面通过一个简单的 2 选 1 多路开关的设计开始对 VHDL 的学习。

【例 2-1】　2 选 1 多路开关的 VHDL 设计。

分析:该电路有两个输入端 a、b,一个输出端 y,一个选择信号 s。该电路的功能是通过 s 来选择两个输入中的一个输出到 y,s=0 时 a 输出到 y,s = 1 时 b 输出到 y(见图 2-1)。

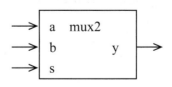

图 2-1　2 选 1 多路开关符号图

以下是 2 选 1 多路开关的 VHDL 程序:

```
LIBRARY   IEEE;
USE   IEEE.STD_LOGIC_1164.ALL;
ENTITY mux2 IS
```

```
            PORT(a, b:    IN   STD_LOGIC;
                    s:    IN   STD_LOGIC;
                    y:    OUT   STD_LOGIC);
        END ENTITY mux2;

        ARCHITECTURE behav OF mux2    IS
            BEGIN
                y <= a    WHEN    s = '0'   ELSE
                     b    WHEN    s = '1';
        END ARCHITECTURE behav;
```

这是一个完整的 VHDL 程序, 阅读此程序时首先注意, VHDL 程序是不区分大小写的, 此例为了便于说明, 将 VHDL 关键字用大写字母表示, 如 LIBRARY、ENTITY、ARCHITECTURE 等; 用户自定义的标识符用小写字母表示, 如 mux2、a、b 等, 在以后的示例中将不再严格区分。

熟悉 VHDL 的关键字对后面的学习是很重要的, 它们都是英文单词或英文单词的缩写 (详见附录 A), 需将它们熟记下来。

我们大致可以看出例 2-1 的程序主要由三部分组成:

(1) 库(LIBRARY): 打开 IEEE 标准库中的 STD_LOGIC_1164 程序包, 这个程序包描述了标准的端口数据类型。

(2) 实体(ENTITY): 一个完整的 VHDL 程序可以看成是对一个元件的功能描述, 而实体说明部分主要是描述元件的外观。它利用 PORT 语句定义了三个输入信号(a, b, s)和一个输出信号(y), 同时指明它们的数据类型都是 STD_LOGIC。

(3) 结构体(ARCHITECTURE): 这部分用来描述元件的内部结构和功能。此例的功能描述十分简洁, 使用了条件赋值语句:

```
        y<= a    WHEN    s = '0'   ELSE
            b    WHEN    s = '1';
```

表示当条件 s = '0' 成立时将 a 的信号赋给 y, 当 s = '1' 成立时将 b 的信号赋给 y, 其中 "<=" 是信号赋值符。

事实上, 一个完整的 VHDL 程序通常都是由库说明部分(LIBRARY)、实体(ENTITY)和结构体(ARCHITECTURE)三部分组成的, 这就是 VHDL 程序的基本结构。在某些特定情况下, 还有其他结构可以根据需要使用。下面我们对 VHDL 程序的结构做进一步了解。

2.1.2　知识点

1. 实体(ENTITY)

用 VHDL 进行的设计, 无论简单与复杂都称为实体; 也可以将其看成一个元件, 它可以是一个简单的反相器, 也可以是一个复杂的 CPU 乃至整个电路系统。VHDL 中的实体部分就是对这个实体和外部电路之间的接口进行的描述, 可以看成是定义元件的引脚。

实体部分必须按如下结构书写:

ENTITY　实体名　IS
　　[GENERIC (类属表);]
　　[PORT (端口表);]
END　ENTITY　实体名;

实体语句以"ENTITY　实体名　IS"开始，到"END　ENTITY　实体名;"结束(在例 2-1 里，"mux2"就是实体名)，两句之间是实体说明部分，其中包括类属说明语句(GENERIC)和端口说明语句(PORT)，但这些内容在特定情况下并非都是必需的，在例 2-1 里就没有类属说明语句。

实体名的具体取名由设计者自定，但必须遵守 VHDL 标识符的有关规定。由于实体名实际上就是该设计电路的器件名，因此实体名最好根据电路的功能来取，如 4 位二进制计数器可取为 COUNTER4B，8 位二进制加法器可取为 ADDER8B，等等。还要注意不要使用 EDA 工具库中定义好的器件名作为实体名，如 or2、latch 等，以免引起混淆。

2．端口说明语句(PORT)

关键词 PORT 引导的端口表是对设计实体外部端口的说明，包括对端口的名称、端口模式和数据类型进行定义。PORT 语句的书写格式如下：

　　PORT (端口名：端口模式　数据类型；
　　　　　端口名：端口模式　数据类型)；

其中，端口名是设计者为实体的每一个对外通道所取的名字，端口模式是指这些通道上数据的流动方式，而数据类型是指端口上流动的数据的表达格式或取值类型。VHDL 要求只有相同数据类型的端口信号和操作数才能相互作用。端口类似于器件的管脚，一个设计实体通常有多个端口，设计实体与外部交流的信息必须通过端口流入或流出。

端口模式有四种，它们分别是 IN、OUT、INOUT 和 BUFFER，用于定义端口上数据流动的方向和方式。

(1) IN 模式：定义端口为输入端口，并规定为单向只读模式。只能通过此端口将数据读入设计实体中。IN 模式也是 VHDL 默认的端口模式。

(2) OUT 模式：定义端口为输出端口，并规定为单向输出模式。只能通过此端口将数据输出，或者说可以在设计实体中向此端口赋值。

(3) INOUT 模式：定义端口为输入输出双向端口，既可以对此端口赋值，也可以通过此端口读入外部的信息，如 RAM 的数据端口、单片机的 I/O 口等。

(4) BUFFER 模式：定义端口为具有数据读入功能的输出端口，即可以将输出至端口的信号回读。从本质上看 BUFFER 模式仍是 OUT 模式，它与双向模式的区别在于 BUFFER 模式回读的信号不是外部输入的，而是由内部产生并保存的。

在例 2-1 中，端口 a、b、s 都是 IN 模式，y 是 OUT 模式。

3．结构体(ARCHITECTURE)

如前所述，实体部分可以看成是描述元件的引脚，而结构体则是描述元件内部的结构和逻辑功能。结构体可以由以下部分组成：

(1) 对数据类型、常数、信号、子程序及元件等元素的说明。
(2) 对实体逻辑功能的描述，包括各种形式的顺序描述语句和并行描述语句。

(3) 用元件例化语句对外部元件(设计实体)端口间的连接方式的说明。

可见，结构体是设计实体的具体实现。一个实体通常只有一个结构体，但 VHDL 也允许一个实体有多个结构体，每个结构体对应着实体不同的结构和算法实现方案，但必须用配置语句(CONFIGURATION)指明用于综合和仿真的结构体，即在最终的硬件实现中，一个实体只能对应于一个结构体。

结构体语句书写格式如下：

　　ARCHITECTURE　结构体名　OF　实体名　IS

　　　[说明语句]

　　BEGIN

　　　[功能描述语句]

　　END　ARCHITECTURE　结构体名；

其中，实体名必须是该结构体所对应的实体的名字，而结构体名可以由设计者自己选择。

说明语句是对后面将要用到的信号(SIGNAL)、数据类型(TYPE)、常数(CONSTANT)、元件(COMPONENT)、函数(FUNCTION)和过程(PROCEDURE)等加以说明，说明语句必须放在关键词"ARCHITECTURE"和"BEGIN"之间。

需要注意的是，说明语句不是必需的，在例 2-1 中就没有说明语句。另外，在一个结构体中说明的数据类型、常数、元件、函数和过程只在这个结构体中有效，如果希望这些说明也能用于其他实体或结构体，则需要将其作为程序包来处理。

功能描述语句可以含有多种不同类型的以并行方式工作的语句，而每一语句结构内部可以含有并行运行的描述语句或顺序运行的描述语句。这些语句将在下一章中详细介绍。

可见，结构体(ARCHITECTURE)是对设计功能进行描述的主要部分，一般认为硬件描述语言可以在三个层次上对电路进行描述，即行为级、RTL 级和门电路级，而 VHDL 的特点决定了它更适合行为级(也包括 RTL 级)的描述，因此有人将 VHDL 称为行为描述语言。具备行为描述能力的硬件描述语言是实现"自顶向下"设计方式的基本保证。

4．库(LIBRARY)

在利用 VHDL 进行设计时，为了提高设计效率以及使设计符合某些语言标准或数据格式，有必要将一些有用的信息汇集在一个或几个库中以供调用。这些信息可以是预先定义好的数据类型、子程序以及预先设计好的设计实体等。因此，可以把库看成是用来存放预先完成的各种数据类型、子程序以及元件的仓库。

如果在设计中需要用到库中的资源，就要在实体语句之前使用库语句(LIBRARY)和 USE 语句打开有关的库和程序包，从而在设计中可以随时使用其中的内容。通常，库中放置了不同数量的程序包，而程序包中又放置了不同数量的程序模块，包括函数、过程、设计实体等基础设计单元。

在 VHDL 程序中，库说明语句总是放在实体语句前面，一个设计实体可以同时打开多个不同的库；库实际是程序包的集合，程序中调用的是程序包中的内容，因此，在库语句中，除了指明使用的库外，还要用 USE 语句指明库中的程序包。

库说明语句的格式如下：

　　　　LIBRARY　库名；

　　　　USE　库名.程序包名.项目名；

　　例如：

　　"LIBRARY　IEEE；"表示打开 IEEE 库。

　　"USE IEEE.STD_LOGIC_1164.ALL；"表示打开 IEEE 库中的 STD_LOGIC_1164 程序包，关键词"ALL"表示程序包中的全部项目。

　　在综合过程中，当综合器在 VHDL 的源文件中遇到库语句时，就将库语句指定的内容读入，并参与综合。

　　VHDL 程序设计中常用的库有以下几种：

　　(1) IEEE 库。这是 VHDL 设计中最常用的库，其中包括符合 IEEE 标准的程序包 STD_LOGIC_1164，大部分数字系统设计都是以此程序包中设定的标准为基础的。此外，还有一些程序包虽非 IEEE 标准，但已成为事实上的工业标准，也都包括在 IEEE 库中，其中最常用的有 STD_LOGIC_ARITH、STD_LOGIC_SIGNED、STD_LOGIC_UNSIGNED 等。一般基于 FPGA/CPLD 的数字系统设计，上述 4 个程序包已足够使用。

　　(2) STD 库。VHDL 定义了两个标准程序包，即 STANDARD 和 TEXTIO 程序包，它们都收入在 STD 库中，在 VHDL 的每一项设计中都自动将 STD 库打开了。由于 STD 库符合 VHDL 标准，只要在 VHDL 的应用环境中就可以随时调用其中的所有内容，所以在使用中不必像使用 IEEE 库那样显式表达出来，即以下的库语句是不必要的：

　　　　LIBRARY　STD；

　　　　USE　STD.STANDARD.ALL；

　　(3) WORK 库。WORK 库是 VHDL 设计的现行工作库，用于存放用户设计和定义的一些设计单元和程序包，可以看成是用户的临时仓库。WORK 库自动满足 VHDL 标准，而 VHDL 标准规定 WORK 库总是可见的，所以在实际使用中也不需要显式说明。

　　基于 WORK 库的基本概念，使用 VHDL 进行设计时，不允许将设计文件保存在根目录下，而是必须为设计项目建立一个文件夹，VHDL 综合器将此目录默认为 WORK 库。

2.1.3　相关知识

　　除了上面介绍的基本结构外，VHDL 程序还可以包含一些其他的结构，这些结构通常不是必需的，可根据实际情况选用。

1. 类属(GENERIC)

　　类属是一种端口界面常数，通常放在实体的说明部分，为所说明的环境提供一种静态信息。通过类属参数的设置，设计者可以方便地改变电路的结构和规模。例如：

　　　　ENTITY　chip1　IS

　　　　GENERIC (n: INTEGER:= 16);

　　　　PORT(add_bus: OUT STD_LOGIC_VECTOR(n-1 DOWNTO 0) …);

　　在这里，通过类属参数 n 来设定地址总线(add_bus)的宽度，将 n 的值设为 16，则输出端口 add_bus 的宽度为 16 位。

　　STD_LOGIC_VECTOR (n-1 DOWNTO 0)表示端口 add_bus 是 16 位的标准逻辑矢量，

对应于实体元件的 16 个引脚, 它们的序号是从 n-1 降序排到 0, 显然, 改变 n 的值, 就改变了电路的结构和规模。

在这种情况下, 类属的作用相当于常数, 但与常数不同的是, 类属可以从实体外部动态地接受赋值, 例如在层次化设计中, 可以通过类属参数对例化元件进行定制, 从而方便地改变电路的结构和规模。

2. 程序包(PACKAGE)

我们已经知道, 库是由程序包组成的, 多个程序包可以并入一个 VHDL 库中, 使之成为共享的资源。

程序包由以下四种基本结构组成, 或者说一个程序包至少应包含以下内容中的一种。

(1) 常数说明: 在程序包中可以预定义一些常数, 如系统的数据总线宽度等。

(2) 数据类型说明: 可以在程序包中定义一些在整个设计中通用的数据类型。

(3) 元件定义: 主要是说明在 VHDL 程序设计中参与例化的元件对外的接口界面。

(4) 子程序: 并入程序包的子程序有利于在设计中方便地进行调用。

程序包中的内容应具有良好的适用性和独立性, 以提供给不同的设计实体访问和共享。除了标准的程序包外, 我们也可以自己定义程序包, 程序包的结构由程序包的说明部分(称为程序包首)和程序包的内容即程序包体两部分组成。

定义程序包的语句结构如下:

```
    PACKAGE  程序包名  IS              -- 程序包首
      程序包首说明部分
    END   程序包名;


    PACKAGE  BODY  程序包名  IS        -- 程序包体
      程序包内容说明部分
    END   程序包名;
```

程序包首说明部分主要包括数据类型说明、信号说明、子程序说明及元件说明等, 这些内容虽然也可以在设计实体中进行定义和说明, 但如果把经常用到的内容放在程序包中, 则可以提高设计的效率和程序的可读性。例如:

```
    PACKAGE  pac1  IS                    --程序包首开始
    TYPE  byte  IS RANGE   0 TO 255;     --定义数据类型 byte
    SUBTYPE nibble  IS byte   0 TO 15;   --定义子类型 nibble
    CONSTANT  byte_ff:  byte := 255;     --定义常数 byte_ff
    SIGNAL  addend:   nibble;            --定义信号 addend
    COMPONENT  byte_adder                --定义元件
    PORT(a, b : IN   byte;
            c : OUT   byte;
            overflow :   OUT   BOOLEAN);
    END   COMPONENT;
    FUNCTION  my_function (a : IN   byte) RETURN   byte; --定义函数
    END   pac1;                          --程序包首结束
```

　　这是一个程序包首，定义了一个名为 pac1 的程序包，其中定义了新的数据类型 byte 和一个子类型 nibble，接着定义了一个数据类型为 byte 的常数 byte_ff 和一个类型为 nibble 的信号 addend，还定义了一个元件 byte_adder 和一个函数 my_function，元件和函数的具体内容可以放在程序包体中。

　　如果要使用这个程序包中的内容，就需要使用 USE 语句：

```
LIBRARY    WORK;
USE    WORK.pac1.ALL;
    …
```

由于 WORK 库是默认的，所以语句 LIBRARY   WORK 可以省去。

　　在程序包结构中，程序包首可以单独定义和使用，程序包体并非总是必需的。在上面的例子里，如果仅仅是定义数据类型和定义信号、变量等内容，则程序包体是不必要的，程序包首可以单独使用；但在程序包中有元件或函数的说明时，则必须有对应的程序包体，元件和函数的具体内容应放在程序包体中。

　　下面是一个定义程序包首并立即投入使用的例子。

【例 2-2】　4 位 BCD 码向 7 段显示码转换的程序。

```
PACKAGE    SEGT    IS
    SUBTYPE    SEGMENTS    IS    BIT_VECTOR(0 TO 6);
    TYPE BCD IS RANGE 0 TO 9;
END    SEGT;
USE    WORK.SEGT.ALL;
ENTITY DECODER IS
    PORT(INPUT: BCD;
            DRIVE: OUT SEGMENTS);
END DECODER;
ARCHITECTURE    SIMPLE OF DECODER IS
    BEGIN
        WITH INPUT SELECT
        DRIVE <= B "1111110" WHEN 0,
                B "0110000" WHEN 1,
                B "1101101" WHEN 2,
                B "1111001" WHEN 3,
                B "0110011" WHEN 4,
                B "1011011" WHEN 5,
                B "1011111" WHEN 6,
                B "1110000" WHEN 7,
                B "1111111" WHEN 8,
                B "1111011" WHEN 9,
                B "0000000" WHEN OTHERS;
    END SIMPLE;
```

例 2-2 在程序包 SEGT 中定义了两个新的数据类型 SEGMENTS 和 BCD，后面的设计实体中使用了这两个数据类型。由于程序包 SEGT 是在现行 WORK 库中，所以程序中加入了一条"USE　WORK.SEGT.ALL;"语句。

3. 配置(CONFIGURATION)

配置也是 VHDL 程序中的一个基本单元，正如"配置"一词本身的含义一样，可以用配置语句为一个设计实体配置不同的结构体，以使设计者能够比较不同结构体的性能差别，或者为例化的元件实体配置指定的结构体，从而形成一个层次化的设计实体，还可以用配置语句对元件端口的连接进行重新安排等。

通常情况下，配置是用来为较大规模的系统设计提供管理和组织的，主要用于 VHDL 的仿真。配置语句只能在顶层设计文件中使用。

配置语句的格式如下：

```
CONFIGURATION　配置名　OF　实体名　IS
    配置说明
END　配置名；
```

如前所述，一个设计实体可以拥有多个不同的结构体，在这种情况下，可以用配置语句为这个实体指定一个结构体，如下面这个例子。

【例 2-3】 与非门。

```
LIBRARY IEEE;
USE IEEE.STD_LOGIC_1164.ALL;
ENTITY  MYNAND  IS
    PORT(A, B: IN STD_LOGIC;
         C: OUT STD_LOGIC);
END ENTITY MYNAND;
ARCHITECTURE  one  OF  MYNAND  IS        --第一个结构体
    BEGIN
    C <= NOT(A  AND  B);
END ARCHITECTURE one;
ARCHITECTURE  two  OF  MYNAND  IS        --第二个结构体
    BEGIN
    C <= '1'  WHEN  (A = '0') AND (B = '0')  ELSE
         '1'  WHEN  (A = '0') AND (B = '1')  ELSE
         '1'  WHEN  (A = '1') AND (B = '0')  ELSE
         '0'  WHEN  (A = '1') AND (B = '1') ;
END ARCHITECTURE  two;
CONFIGURATION FIRST OF MYNAND IS         --配置语句
    FOR  one
    END FOR;
    END FIRST;
```

或

```
CONFIGURATION SECOND OF MYNAND IS
    FOR   two
    END FOR;
    END SECOND;
```

在例 2-3 里，设计实体 MYNAND 有两个结构体 one 和 two，它们的描述方式不同，但实现的逻辑功能是相同的，后面的配置语句为实体指定了一个结构体。

如果把程序中的配置语句全部删去，就可以将这个有两个结构体的实体 MYNAND 作为一个元件，然后在一个顶层文件中调用这个元件，并用配置语句为这个元件指定一个结构体，如下例。

【例 2-4】　RS 触发器。

```
LIBRARY IEEE;
USE IEEE.STD_LOGIC_1164.ALL;
ENTITY   RS0 IS
PORT(R, S: IN STD_LOGIC;
      Q, QF: BUFFER STD_LOGIC);
END   RS0;
ARCHITECTURE   FF   OF   RS0   IS
COMPONENT MYNAND
    PORT(A, B: IN   STD_LOGIC;
          C: OUT   STD_LOGIC);
END COMPONENT;
BEGIN
U1:    MYNAND      PORT MAP(A=>S, B=>QF, C=>Q);
U2:    MYNAND      PORT   MAP(A=>Q, B=>R, C=>QF);
END FF;
CONFIGURATION   SEL   OF   RS0   IS
    FOR   FF
        FOR U1, U2:    MYNAND
        USE ENTITY   WORK. MYNAND(two);
        END FOR;
        END FOR;
END SEL;
```

这是一个顶层文件，程序中将例 2-3 中设计好的与非门 MYNAND 作为元件进行例化，用两个与非门构成一个 RS 触发器，并用配置语句指定实体 MYNAND 的第二个结构体 two 作为 MYNAND 的结构体(见图 2-2)。例 2-4 提到的元件例化是一种层次化的设计方法，将在第 4 章中详述。

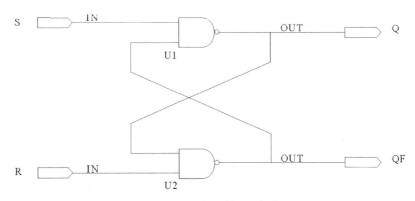

图 2-2 例 2-4 描述的 RS 触发器

综上所述，VHDL 程序的基本结构如图 2-3 所示，其中"实体"和"结构体"是最基本的两个部分，其余各部分在特定情况下都不是必需的。

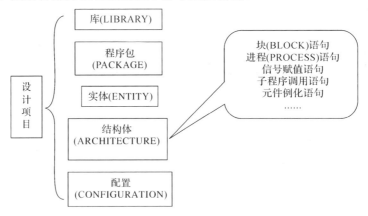

图 2-3 VHDL 程序的基本结构

2.1.4 练习与测评

一、填空题

1. VHDL 的库可以分为_____、_____和_____。

2. VHDL 程序包括五大结构，分别是_____、_____、_____、_____和_____。其中_____和_____是必需的，而_____、_____和_____可根据需要选用。

3. VHDL 程序设计中 IEEE 库的使用必须用显式_____表达出来，而_____库是用户工作库，用于存放用户设计和定义的设计单元及程序包，在实际调用中，无需显式说明。

4. 程序包可以由四种基本结构组成，分别是_____、_____、_____和_____，一个程序包至少应包含以上结构中的一种。

5. IEEE 库中最常用程序包是_____。

6. 标准程序包中定义的常用端口模式有_____种，分别是_____、_____、

_____和_____。VHDL 对端口的读写规则是：在端口模式为_____、_____或_____时，才能从该端口读数据；在端口模式为_____、_____或_____时，才能向该端口写数据。其中具有数据读入功能的输出端口模式是_____。如果端口模式被省略，则该端口的默认模式是_____。

7. VHDL 允许一个实体有_____个或_____个结构体，每个结构体对应实体不同结构的算法实现方案，在综合和仿真时可以用 _____语句为这个实体指定一个结构体。

8. 以下是 2 选 1 多路开关的 VHDL 程序，请在横线处填入适当内容。

```
_____ IEEE;   USE   IEEE.STD_LOGIC_1164.ALL;
ENTITY _____ IS
    PORT (a, b:  _____ STD_LOGIC;
            s: _____STD_LOGIC ;
            y: _____   STD_LOGIC);
END ENTITY _____ ;
_____ one  OF mux2  IS
_____
    y <= a   WHEN   s = '0' ELSE
        b   WHEN   s = '1'   ELSE
        'Z';
END ARCHITECTURE   one;
    _____ two   OF   mux2  IS
SIGNAL   d, e : STD_LOGIC;
BEGIN
d <= a AND (NOT S);
e <= b AND s;
y <= d OR e;
END ARCHITECTURE two;
_____ three   OF   mux2 IS
    BEGIN
    PROCESS (a, b, s)
        BEGIN
        IF   s = '0'   THEN
        y <= a;   ELSE   y <= b;
        END IF;
    END PROCESS;
END ARCHITECTURE   three;
_____first OF_____   IS
    FOR   three;
    END FOR;
END _____ ;
```

二、简答题

1. 简述实体、结构体的概念和语句格式。

2. 画出下列实体语句描述的元件符号：

(1) ENTITY　BUF3S　IS

    PORT(INPUT:　　IN　STD_LOGIC_VECTOR(7 DOWNTO 0);

        ENABLE: IN　STD_LOGIC;

        OUTPUT: OUT STD_LOGIC_VECTOR(7 DOWNTO 0));

    END　BUF3S;

(2) ENTITY　MUX41　IS

    PORT(IN1, IN2, IN3, IN4:　　IN　STD_LOGIC;

        SEL：IN　STD_LOGIC_VECTOR(1 DOWNTO 0);

        OUTPUT：OUT　STD_LOGIC);

    END　MUX41;

3. 说明端口模式 INOUT 和 BUFFER 有何异同点。

2.2　学习 VHDL 的文字规则和数据类型

要正确地完成 VHDL 程序设计，除了要了解 VHDL 程序的基本结构，还必须准确地理解和掌握 VHDL 语言要素的含义和使用规则，这些要素包括数据对象(Objects)、数据类型(Types)以及各类操作数(Operands)和操作符(Operators)，它们是组成编程语句的基本元素。

VHDL 属于强类型语言，程序中使用的所有信号、变量和常量均需指定数据类型。

2.2.1　案例分析

锁存器(Latch)是一种基本的存储单元电路，它利用 en 端电平控制数据的传输，把 d 端输入的数据传输到 q 端并维持不变,从而起到数据保存的作用。下面通过一个一位锁存器(见图 2-4)的设计来学习 VHDL 的数据类型。

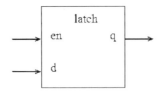

图 2-4　一位锁存器符号图

【例 2-5】　一位锁存器的 VHDL 设计。

```
LIBRARY IEEE;                        --库使用说明
USE　IEEE.STD_LOGIC_1164.ALL;
ENTITY　latch1　IS                   --实体说明，定义端口
    PORT (d: IN　STD_LOGIC;
```

```
                en: IN    STD_LOGIC;
                q: OUT    STD_LOGIC);
    END ENTITY latch1;

    ARCHITECTURE behav OF latch1    IS
        SIGNAL sig: STD_LOGIC;           --说明语句，定义内部信号 sig
        BEGIN
            PROCESS(d, en)
            BEGIN
                IF   en = '1'   THEN
                    sig <= d;
                END IF;
            q <= sig;
            END PROCESS;
    END ARCHITECTURE behav;
```

例 2-5 的实体部分定义了两个输入信号 d、en 和一个输出信号 q，它们的数据类型都是 STD_LOGIC。结构体的说明语句部分用 SIGNAL 语句定义了一个内部信号 sig，数据类型也是 STD_LOGIC。功能描述语句部分使用了一个进程(PROCESS)，这是时序逻辑特有的结构，进程中使用了 IF 语句，表示当 en 为高电平时，将输入端 d 的值传给 sig，然后结束 IF 语句，将 sig 的值传给输出端 q；若 en 为低电平，则直接结束 IF 语句，将 sig 传给 q，即 q 保持原值不变，可见这是一个锁存器。关于 PROCESS 和 IF 语句的内容，将在第 3 章中详述。例 2-5 中的端口和信号均指定了数据类型 STD_LOGIC，这是 VHDL 中最常用的一种数据类型。下面我们就对 VHDL 的文字规则和数据类型做进一步了解。

2.2.2　知识点

1. VHDL 的文字规则

和其他编程语言一样，VHDL 也有自己的文字规则和表达方式，除了具备和软件编程语言类似的文字规则外，还包含许多特有的文字规则和表达方式，在使用中必须认真遵守。

这里所说的文字(Literal)主要包括数值型文字和标识符。数值型文字又包括数字型、字符串型、数位串型等。下面将分别进行介绍。

1) 数字型文字

数字型文字有多种表达方式，列举如下：

(1) 整数型文字。

整数型文字都是十进制的数，以下都是合法的表达方式：

567，143E2(=14300)，56_234_697(=56234697)

数字间的下划线只是为了改善可读性，没有其他意义，也不影响文字本身。

(2) 实数型文字。

实数型文字也是十进制的数，但必须带小数点，以下都是实数型文字合法的表达方式：

1.35，45.69E-2(= 0.4569)，670_551.324(= 670551.324)

(3) 其他数制表示的数。

用这种方式表达的数由五个部分组成：第一部分表示数制基数；第二部分是数制隔离符 "#"；第三部分是数字；第四部分是指数隔离符 "#"；第五部分是指数部分，这部分如果是 0 可以不写。例如：

16#78#;	表示十六进制数 78，等于 120
2#1111_1110#;	表示二进制数 11111110，等于 254
8#376#;	表示八进制数 376，等于 254
16#E#E1;	表示十六进制数 E0，等于 224

(4) 物理量文字。

物理量文字，如：60 s(秒)、100 m(米)、77 A(安培)等，但这类文字是不可综合的。

2) 字符和字符串型文字

字符是用单引号引起来的 ASICII 字符，如：'R'、'U'、'2'、'-'、'*' 等。

字符串是用双引号引起来的 ASICII 字符，如："ERROR"、"Both A and B equal to 1" 等。

注意：字符和字符串型文字是区分大小写的。

可以用字符来定义一个新的数据类型，如：

　　　TYPE　MY_LOGIC　IS ('X', '0', '1', 'Z');

3) 数位串型文字

数位串型文字(字符)也称位矢量，表示二进制、八进制或十六进制的一维数组。数位串型字符的表示首先要有数制基数，然后把要表示的数放在双引号中。数制基数用 B、O、X 分别代表二进制数、八进制数、十六进制数。

二进制数的每个数字表示一位(BIT)，八进制数的每个数字代表三位，十六进制数的每个数字代表四位。

例如：

B "1101_1011";	二进制数数组，矢量长度是 8 位
O "15";	八进制数数组，矢量长度是 6 位
X "AD0";	十六进制数数组，矢量长度是 12 位

需要注意的是，在语句中，整数的表示不加引号，如：1、0、25 等；而逻辑位的数据必须加引号，单个位的数据用单引号，多位数据用双引号，如：'1'、'0'、"101" 等。

4) 标识符

标识符规则是 VHDL 中符号书写的基本规范。VHDL 的标识符有关键字(也称保留字)和自定义标识符两类，VHDL 关键字见附录 A。

自定义标识符即用户在程序中给信号、变量、常数、端口等起的名字。

VHDL 的标识符不区分大小写，应遵守如下规定：

(1) 可以使用 26 个大、小写英文字母、数字 0~9 以及下划线 "_"。

(2) 必须以英文字母开头。

(3) 下划线的前后都必须有英文字母或数字。

(4) 不能使用 VHDL 的关键字。

以下是合法标识符的示例：

　　Encoder_1，　FFT，STATE0

以下是非法标识符的示例：

　　2FFT；　　　　开头不是英文字母

　　N-ACK；　　　不能用符号"-"

　　RST_；　　　　下划线后没有字符

　　RETURN；　　　关键词

在 VHDL 程序中可以用"--"(两个相连的减号)来加注释，即每一行中"--"以后的内容都是注释，对程序是没有影响的。

另外，VHDL'93 版还支持扩展标识符，扩展标识符用反斜杠"\"界定，区分大小写且不受上述规定的限制，如：\FUNCTION\、\# END #\ 都是合法的扩展标识符。

5) 下标名和段名

下标名用于表示数组型变量或信号的某一个元素，格式如下：

**　　标识符(表达式)**

其中，标识符必须是数组型变量或信号的名字，表达式所代表的值必须在数组下标范围内。

如：X(3)表示数组 X 中下标为 3 的元素。

段名即多个下标名的组合，对应于数组中某一段元素，格式如下：

**　　标识符(表达式　方向　表达式)**

如：X(3 downto 0)，表示数组 X 中下标从 3 到 0 的 4 个元素。

这里的标识符必须是数组型变量或信号的名字，表达式所代表的值必须在数组下标范围内，并且只能是可计算的(立即数)。方向用 TO 或 DOWNTO 来表示，TO 表示下标序列由低到高，DOWNTO 表示数组下标序列由高到低。例如：

　　SIGNAL　A: BIT_VECTOR(0 TO 3);

　　SIGNAL　B: BIT_VECTOR(3 DOWNTO 0);

　　SIGNAL　M: INTEGER RANGE 0 TO 3;

　　SIGNAL　Y, Z: BIT;

　　Y <= A(M);　　　--不可计算的下标

　　Z <= B(3);　　　--可计算的下标

上面的示例中定义了两个信号 A 和 B，它们都是位矢量类型(BIT_VECTOR)，其中 A 从左到右(从高位到低位)的 4 个元素分别是 A(0)、A(1)、A(2)、A(3)，而 B 从左到右的 4 个元素分别是 B(3)、B(2)、B(1)、B(0)。

2. 数据对象

数据对象是指可以接受赋值的目标。VHDL 中的数据对象主要有三类，即信号(SIGNAL)、变量(VARIABLE)和常量(CONSTANT)。从硬件角度看，信号和变量大致相当于电路中的连线及连线上的信号，常量则相当于电路中的恒定值，如 VCC 或 GND。

定义信号的语法格式如下：

SIGNAL 信号名:数据类型 [:= 初始值];

如语句"SIGNAL　SIG: BIT_VECTOR(3 DOWNTO 0);"是定义一个名为 SIG 的信号，数据类型是位矢量(BIT_VECTOR)，位数是 4 位。

定义变量的语法格式如下：

VARIABLE 变量名：数据类型[:= 初始值];

如语句"VARIABLE　TMP: BIT_VECTOR(3 DOWNTO 0);"是定义一个名为 TMP 的变量，数据类型是位矢量(BIT_VECTOR)，位数是 4 位。

通常变量只能在进程和子程序中定义和使用，其适用范围也仅限于定义了变量的进程或子程序中。

定义常量的语法格式如下：

CONSTANT 常量名: 数据类型[:= 初始值];

如语句"CONSTANT　WID: INTEGER:=7;"是定义一个名为 WID 的常量，数据类型是整数(INTEGER)，值为 7。

注意：尽管 VHDL 允许给信号和变量设置初始值，但初始值的设置不是必需的，且初始值仅在仿真时有效，在综合时是没有意义的。

3. VHDL 的预定义数据类型

VHDL 的预定义数据类型是在标准程序包 STANDARD 中定义的，自动包含在 VHDL 的源文件中，因此不必用库说明语句调用。

1) 布尔(BOOLEAN)数据类型

布尔数据类型实际上是一个二值枚举型数据，取值为 FALSE(伪)和 TRUE(真)两种。例如当 A 大于 B 时，表达式(A>B)的结果是布尔量 TRUE，综合器会将其转换为 1 或 0 信号值。

2) 位(BIT)数据类型

位数据类型也属于枚举型，取值只能是 1 或 0，可以参与逻辑运算，运算结果仍是位数据类型。

3) 位矢量(BIT_VECTOR)数据类型

位矢量就是一组位数据，使用位矢量必须注明宽度，即数组中位的个数和排列。例如：

　　SIGNAL　A: BIT_VECTOR(7 DOWNTO 0);

表示将信号 A 定义为一个 8 位的矢量，最左位是 A(7)，最右位是 A(0)。

4) 整数(INTEGER)数据类型

在使用整数时，要用 RANGE 子句定义取值范围，以便综合器决定表示此信号或变量的二进制数的位数。例如：

　　SIGNAL NUM: INTEGER RANGE 0 TO 15;

定义一个整数型信号 NUM，取值范围是 0~15，可用 4 位二进制数表示，因此 NUM 将被综合成 4 条信号线构成的总线形式。

5) 字符(CHARACTER)数据类型

字符数据类型要用单引号括起来，如 'A'。字符数据类型是区分大小写的，即 'A'

和 'a' 是不同的。

6) 字符串(STRING)数据类型

字符串数据类型是字符数据类型的一个非约束型数组，要用双引号标明。例如：

```
string_var :="a b c d";
```

7) 自然数(NATURAL)和正整数(POSITIVE)数据类型

自然数是整数的一个子类型，即零和正整数；正整数也是整数的一个子类型，即非零的自然数。

8) 实数(REAL)数据类型

VHDL 中的实数类似于数学上的实数，取值范围为 $-1.0E38 \sim 1.0E38$，实数类型一般只能在仿真器中使用，综合器不支持实数，是因为实数在电路上实现起来非常复杂。

9) 时间(TIME)数据类型

时间数据类型是一个物理类型，包括整数和单位两部分，之间至少留一个空格，如 20 ns。时间数据类型也只能用于仿真，综合器不支持。

10) 错误等级(SEVERITY LEVEL)

错误等级是用来表示系统状态的数据类型，共有四种取值：NOTE(注意)、WARNING(警告)、ERROR(错误)、FAILURE(失败)。

【例 2-6】　八位寄存器。

```
ENTITY reg8 IS
    PORT( d: IN BIT_VECTOR(7 DOWNTO 0);
          clk : IN BIT;
          q: OUT BIT_VECTOR(7 DOWNTO 0));
    END reg8;

ARCHITECTURE a OF reg8 IS
BEGIN
    PROCESS
    BEGIN
        WAIT UNTIL clk = '1';
        q <= d;
    END PROCESS;
    END   ARCHITECTURE a;
```

注意：例 2-6 中没有库说明语句，这是因为程序中使用的数据类型是 BIT 和 BIT_VECTOR，它们都是 VHDL 的预定义数据类型，自动包含在 VHDL 的源文件中，因此不必用库语句调用。

4. IEEE 预定义标准逻辑位和矢量

在 IEEE 库的程序包 STD_LOGIC_1164 中定义了两个非常重要的数据类型，即标准逻辑位 STD_LOGIC 和标准逻辑矢量 STD_LOGIC_VECTOR。

1) 标准逻辑位(STD_LOGIC)数据类型

STD_LOGIC 数据类型共定义了 9 种值：U (未初始化的)、X (强未知的)、0 (强 0)、1 (强 1)、Z (高阻态)、W (弱未知的)、L (弱 0)、H (弱 1)、- (忽略)。

可见，数据类型是 STD_LOGIC 的数据对象，其可能的取值并非只有 0 和 1 两种，而是有九种可能的取值，这使设计者可以精确地模拟一些未知的和高阻态的电路情况。对综合器而言，能够在数字器件中实现的只有四种值，即- (或 X)、0、1 和 Z，但这并不表示其余 5 种值不存在，这九种值对 VHDL 的行为仿真都有重要意义。

2) 标准逻辑矢量(STD_LOGIC_VECTOR)数据类型

STD_LOGIC_VECTOR 是 STD_LOGIC_1164 中定义的标准一维数组，数组中每个元素的数据类型都是标准逻辑位 STD_LOGIC。实际使用中应注意数组的位宽，只有同位宽、同数据类型的矢量之间才能进行赋值。

在使用这些数据类型时，要打开 IEEE 库中相应的程序包，即

```
LIBRARY   EEE;
USE    IEEE.STD_LOGIC_1164.ALL;
```

3) 其他预定义数据类型

以上介绍的数据类型是 VHDL 中最常用的数据类型，此外还有多种数据类型可供使用。如无符号型(UNSIGNED)、有符号型(SIGNED)等，可以用来设计可综合的数学运算电路。

UNSIGNED 类型代表无符号的数值，在综合时被解释为一个二进制数；SIGNED 表示一个有符号的数值，在综合时被解释为补码。

如果需要使用这些数据类型，需要打开相应的程序包，即

```
LIBRARY   IEEE;
USE   IEEE.STD_LOGIC_ARITH.ALL;
```

2.2.3　相关知识

1. 自定义数据类型

除了上述一些标准的预定义数据类型外，VHDL 还允许用户自定义新的数据类型。可由用户自定义的数据类型有多种，如枚举类型(ENUMERATION TYPES)、数组类型(ARRAY TYPES)等。用户自定义数据类型要用类型定义语句 TYPE 或子类型定义语句 SUBTYPE。

TYPE 语句的语法格式如下：

　　TYPE 数据类型名 IS 数据类型定义 OF 基本数据类型；

或

　　TYPE 数据类型名 IS 数据类型定义；

例如：

```
TYPE   SZ1   IS   ARRAY(0 TO 15)OF   STD_LOGIC_VECTOR(7 DOWNTO 0);
TYPE   STATES   IS   (ST0, ST1, ST2, ST3);
TYPE   BYT   IS   STD_LOGIC(0 TO 7);                  -- 错误
```

第一句定义数据类型 SZ1 为一个具有 16 个元素的数组，数组中每个元素的数据类型都是

STD_LOGIC_VECTOR(7 DOWNTO 0)；第二句定义了一个有四种不同状态的枚举类型
STATES，VHDL 综合器会自动对它们进行编码，如 ST0 是"00"、ST1 是"01"等；第三
句是错误的，用 TYPE 定义的数据类型应该是全新的，而 STD_LOGIC 是预定义的基本数
据类型。

SUBTYPE 的语法格式如下：

　　　SUBTYPE　子类型名　IS　基本数据类型 RANGE　约束范围；

子类型的定义只是在基本数据类型上作一些约束，并没有定义新的数据类型，这是它
与 TYPE 语句最大的不同之处。

例如：

　　　SUBTYPE　DIGITS　IS　INTEGER　RANGE　0 TO 9;

　　　SUBTYPE　DIG1　IS　ARRAY(7 DOWNTO 0) OF STD_LOGIC;　　　　--错误

第一句定义了一个名为 DIGITS 的子类型，把基本数据类型 INTEGER 约束到只含 10 个值
的数据类型；第二句是错误的，ARRAY 是一种新的数据类型，不能用 SUBTYPE 来定义新
的数据类型。

在实际应用中，应尽可能使用子类型语句(SUBTYPE)设定约束范围，这样可使综合器
有效地推知参与综合的寄存器的最合适的数目，有利于提高综合优化的效率。

2. 数据类型的转换

VHDL 是一种强类型语言，不同类型的数据对象在相互操作时必须进行数据类型的转
换。数据类型的转换有多种方式，如调用算符重载函数、调用预定义类型转换函数、自定
义转换函数等。

VHDL 的标准程序包中提供了一些常用的转换函数，使用这些现成的类型转换函数实
现数据类型的转换是最方便的。

下面是两个调用现成的类型转换函数的示例。

【例 2-7】　四位计数器。

```
LIBRARY IEEE;
USE IEEE.STD_LOGIC_1164.ALL;
USE IEEE.STD_LOGIC_UNSIGNED.ALL;

ENTITY count4   IS
PORT(cp: IN STD_LOGIC;
        Q: OUT STD_LOGIC_VECTOR(3 DOWNTO 0));
END ENTITY count4;
ARCHITECTURE one OF count4 IS
    SIGNAL number: STD_LOGIC_VECTOR(3 DOWNTO 0);
    BEGIN
        PROCESS(cp)
        BEGIN
            IF RISING_EDGE(cp) THEN
```

```
            number <= number+1;
        END IF;
        Q <= number;
    END PROCESS;
END ARCHITECTURE one;
```

例 2-7 中的 RISING_EDGE(cp)是上升沿检测函数,即当 cp 的上升沿到来时对计数值加 1。VHDL 中预定义的运算符"+"只能对整数类型的数据进行操作,此例中为了对标准逻辑矢量类型的信号直接进行加法操作,调用了 IEEE.STD_LOGIC_UNSIGNED 程序包,这个程序包中包含了运算符"+"的重载函数,在重载函数中通过重新定义运算符的方式,将 STD_LOGIC_VECTOR 型数据与整数型数据相互转换,从而赋予运算符新的数据类型操作功能,这样就可以用"+"运算符对矢量类型直接进行加 1 操作了。

【例 2-8】 3-8 译码器。

```
LIBRARY IEEE;
USE IEEE.STD_LOGIC_1164.ALL;
USE IEEE.STD_LOGIC_UNSIGNED.ALL;
ENTITY   DECO3TO8   IS
PORT(INPUT: IN    STD_LOGIC_VECTOR(2 DOWNTO 0);
    OUTPUT: OUT    STD_LOGIC_VECTOR(7 DOWNTO 0))
END    DECO3TO8;
ARCHITECTURE   BEHAV   OF   DECO3TO8   IS
BEGIN
    PROCESS(INPUT)
VARIABLE   SIG:     STD_LOGIC_VECTOR(7 DOWNTO 0);
    BEGIN
    SIG:= (OTHERS=>'0');
    SIG(CONV_INTEGER(INPUT)):= '1';
    OUTPUT <= SIG;
    END    PROCESS;
END    BEHAV;
```

例 2-8 调用了 IEEE.STD_LOGIC_UNSIGNED 程序包中的转换函数 CONV_INTEGER( ),这个转换函数将 STD_LOGIC_VECTOR 类型转换为整数类型,转换结果(整数)直接作为变量 SIG 的下标,巧妙地实现了 3-8 译码器的功能。

2.2.4 练习与测评

一、填空题

1. VHDL 的数据对象有三种,即_____、_____和_____。

2. 变量与信号的区别在于,_____具有全局特征,而_____只具有局部特征,只能在进程和子程序中使用,对于变量的赋值(假设进程已经启动)是_____发生的。

3. VHDL 预定义的基本数据类型包括_____、_____、_____、_____、_____、_____、_____、_____和_____等十种。VHDL 对于不同数据类型的数据对象进行操作时，必须先进行_____，因为只有相同_____的对象才能相互传递和作用。

4. SIGNAL d1: INTEGER RANGE 0 TO 255;

若 d1<=16#AD#，则 d1 的值为_____(十进制表示)。

若 d1<=2#1111_0001#，则 d1 的值为_____(十进制表示)。

若 d1<=8#42#，则 d1 的值为_____(十进制表示)。

若 d1<=16#C#E1，则 d1 的值为_____(十进制表示)。

5. VHDL 中字符和字符串_____大小写，标识符_____大小写(填"区分"或"不区分")。字符用_____引号表示，字符串用_____引号表示(填"单"或"双")。

6. VHDL 类型定义语句可用来自定义数据类型，_____语句只能定义全新的数据类型；而_____语句只是在基本数据类型上做一些约束，不能定义全新的数据类型。

7. 阅读下列程序段，写出相应的输出结果。

```
SIGNAL S1: STD_LOGIC;
SIGNAL SS: STD_LOGIC_VECTOR(0 TO 3);
    PROCESS(S1)
    VARIABLE V1: STD_LOGIC;
    BEGIN
    V1:= '0';
    S1 <= '0';
    SS(0) <= S1;
    SS(1) <= V1;
    V1:= '1';
    S1 <= '1';
    SS(2) <= S1;
    SS(3) <= V1;
    END PROCESS;
```

则 SS(0 TO 3)的结果为_____。

8. 若有定义：

```
TYPE   t_data IS ARRAY (7 DOWNTO 0) OF STD_LOGIC;
    SIGNAL databus：t_data;
```

则信号 databus 被定义为一个具有_____位宽的标准逻辑矢量。

二、选择题

1. 在一个 VHDL 设计中 idata 是一个信号，数据类型为 integer，数据范围 0 to 127，则下面哪个赋值语句是正确的(　　)。

A. idata := 32;

B. idata <= 16#A0#;

C. idata <= 16#7#E1;

D. idata := B#1010#;

2. 以下 VHDL 表示的数字中最大的一个是(　　)，最小的一个是(　　)。

A. 2#1111_1110#   B. 8#276#

C. 10#170#   D. 16#E#E1

3. 下列关于 VHDL 中信号说法不正确的是(　　)。

A. 信号赋值可以有延迟时间

B. 信号除当前值外还有许多相关值，如历史信息等，而变量只有当前值

C. 信号可以是多个进程的全局信号

D. 信号值输入信号时采用代入符 "：="，而不是赋值符 "<="

4. 在 VHDL 中，关于变量与信号的区别，下列说法不正确的是(　　)。

A. 信号声明在子程序或进程的外部；而变量的声明在子程序或进程的内部

B. 在进程中，对信号赋值在进程结束时起作用；对变量的赋值则是立即生效

C. 信号和变量的赋值符号不同

D. 在一个进程中多次对一个变量赋值，通常只有最后一个起作用，而信号则不是这样

5. 在 VHDL 的 IEEE 标准库中，预定义的标准逻辑位数据 STD_LOGIC 有(　　)种逻辑值。

A. 3   B. 5   C. 7   D. 9

6. 以下关于 VHDL 中标识符的说法不正确的是(　　)。

A. 标识符由 26 个英文字母和数字 0～9 以及下划线组成

B. 标识符必须由英文字母开始，且不能以下划线结束

C. 标识符中可以包含空格

D. 标识符不允许与 VHDL 中的关键字重合

7. 在 VHDL 中，(　　)不能将信息带出对它定义的当前设计单元。

A. 信号   B. 常量   C. 数据   D. 变量

8. 在一个 VHDL 设计中 idata 是一个信号，数据类型为 STD_LOGIC_VECTOR，则下面(　　)的赋值语句是正确的。

A. idata := "00001111";   B. idata <= b "0000_1111";

C. idata := X "AB" ;   D. idata <= B "21";

三、简答题

1. 判断下列标识符是否合法，如有错误请指出原因。

16#FA#、74LS245、CLR/RESET、\74HC574\、D100%、MY_VHDL、 Decoder_1、

2FFT、NOT-ACK、value%8、_databus16、fs_8k、entity、address_bus_

2. 表达式 C<=A+B 中，A、B 和 C 的数据类型都是 STD_LOGIC_VECTOR，是否能直接进行加法运算？说明原因和解决办法。

3. 说明 VHDL 三种基本数据对象的实际物理含义、特点和使用方法。

4. 说明信号和变量的异同点。

5. 为什么要进行数据类型的转换？常用数据类型的转换方式有几种？它们是如何定义的？

6. 数据类型 BIT 和数据类型 STD_LOGIC 有何区别？

2.3　学习 VHDL 的操作符

　　与其他程序设计语言一样，VHDL 表达式中的基本元素是由不同类型的运算符连接而成的。这里所说的基本元素称为操作数(Operands)，运算符称为操作符(Operators)。操作符和操作数相结合就组成了 VHDL 的算术或逻辑表达式，其中操作数是各种运算的对象，而操作符规定运算的方式。

2.3.1　案例分析

　　【例 2-9】　基本逻辑电路的设计。基本的逻辑操作都可以用 VHDL 逻辑操作符直接描述。

```
LIBRARY IEEE;

USE IEEE.STD_LOGIC_1164.ALL;
ENTITY  LC  IS
PORT (A, B, C, D:    IN   STD_LOGIC;
      E:    OUT   STD_LOGIC);
END   LC;

ARCHITECTURE   AA   OF   LC   IS
BEGIN
    E <= (A   AND   B) OR (C   XOR   D);
END   AA;
```

　　例 2-9 描述的是如图 2-5 所示的电路,结构体中只有一条赋值语句: E <= (A   AND   B) OR (C   XOR   D)，使用了逻辑操作符 AND、OR、XOR，十分简洁地完成了基本逻辑电路的设计。

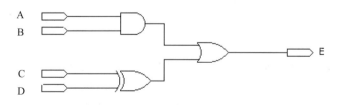

图 2-5　基本逻辑电路

　　VHDL 要求进行运算的操作数必须是相同的数据类型，而且必须与操作符所要求的数据类型一致，这就要求使用者不仅要了解操作符的功能，还要了解操作符所要求的数据类型。如：加减运算的操作数的数据类型必须是整数，BIT 或 STD_LOGIC 类型的数据是不能直接进行加减运算的。

下面我们进一步学习 VHDL 的操作符。

2.3.2 知识点

VHDL 的操作符有四类，即逻辑操作符(Logical Operator)、关系操作符(Relational Operator)、算术操作符(Arithmetic Operator)和符号操作符(Sign Operator)。

1. 逻辑操作符

VHDL 共有七种基本的逻辑操作符：AND、OR、NAND、NOR、XOR、XNOR 及 NOT(见表 2-1)，它们可以对 BIT、BOOLEAN 或 STD_LOGIC 类型的数据进行最基本的逻辑运算。

如果逻辑操作符的操作数是矢量，则这些矢量的位宽要相等。

表 2-1　VHDL 逻辑操作符列表

类型	操作符	功能	操作数数据类型
逻辑操作符 (Logical Operator)	AND	与	BIT，BOOLEAN，STD_LOGIC
	OR	或	BIT，BOOLEAN，STD_LOGIC
	NAND	与非	BIT，BOOLEAN，STD_LOGIC
	NOR	或非	BIT，BOOLEAN，STD_LOGIC
	XOR	异或	BIT，BOOLEAN，STD_LOGIC
	XNOR	异或非(同或)	BIT，BOOLEAN，STD_LOGIC
	NOT	非	BIT，BOOLEAN，STD_LOGIC

通常，在一个表达式中有两个以上的运算符时，要用括号将这些运算分组。如果一串运算的运算符相同，且是 AND、OR、XOR 中的一个，则不需使用括号；如果一串运算中的运算符不同或有这三种之外的运算符，则必须使用括号。例如：

```
...
SIGNAL a, b, c : STD_LOGIC_VECTOR(3 DOWNTO 0);
SIGNAL d, e, f, g : STD_LOGIC_VECTOR(1 DOWNTO 0);
SIGNAL h, i, j, k : STD_LOGIC;
SIGNAL l, m, n, o, p : BOOLEAN;
...
a <= b AND c;                --a，b，c 的数据类型相同且位宽相同
d <= e OR f OR g ;           --不需要用括号
h <= (i NAND j) NAND k ;     --NAND 不属于上述三种运算符，要用括号
h <= i AND j OR k ;          --两个操作符不同，未加括号，表达错误
a <= b AND e;               --操作数的位宽不等，表达错误
h <= i OR m ;               --操作数的数据类型不同，表达错误
...
```

2. 关系操作符

关系操作符的作用是将相同数据类型的操作数进行比较或排序，并将结果以 BOOLEAN 类型的值表示出来，即 TRUE 或 FALSE 两种。VHDL 提供了如表 2-2 所示的六

种关系操作符："="(等于)、"/="(不等于)、">"(大于)、"<"(小于)、">="(大于等于)和"<="(小于等于)。

表 2-2　VHDL 关系操作符列表

类　型	操作符	功能	操作数数据类型
关系操作符 (Relational Operator)	=	等于	任何数据类型
	/=	不等于	任何数据类型
	<	小于	枚举与整数类型，及对应的一维数组
	>	大于	枚举与整数类型，及对应的一维数组
	<=	小于等于	枚举与整数类型，及对应的一维数组
	>=	大于等于	枚举与整数类型，及对应的一维数组

　　VHDL 规定，"="(等于)和"/="(不等于)操作符适用于任何数据类型。例如，对于标量型的数据 X 和 Y，如果它们的数据类型相同，且数值也相同，则(X = Y)的结果是 TRUE，（X/=Y）的结果是 FALSE；对于矢量类型的操作数，只有当等号两边数据的每一位都相等时，(X=Y)的结果才返回 TRUE，如有任一元素不等，则(X/=Y)的值为 TRUE。

　　其余的操作符">"(大于)、"<"(小于)、">="(大于等于)和"<="(小于等于)称为排序操作符，它们的操作对象的数据类型都有一定的限制，允许的数据类型包括枚举类型、整数类型以及由枚举类型数据和整数类型数据组成的一维数组(矢量)。由于 STD_LOGIC_1164 程序包中对这些运算符进行了重新定义(重载)，因此这些运算符也可用于 STD_LOGIC 类型的数据。

　　需要注意的是，两个不同长度的数组也可以进行排序，排序判断是通过对两个数组的元素从左至右逐一比较来决定的，一旦发现某一对元素不相等就停止比较，并确定排序结果。例如，矢量"1011"判为大于"101011"，这是因为从左至右逐一比较至第四位时，矢量"1011"的左起第四位是 1，而"101011"的左起第四位是 0，故"1011"判为大于"101011"。

　　【例 2-10】　四位数据比较器。

```
LIBRARY IEEE;
USE IEEE.STD_LOGIC_1164.ALL;

ENTITY CC IS
PORT(A, B:    STD_LOGIC_VECTOR(3 DOWNTO 0);
     Y1, Y2, Y3: OUT STD_LOGIC);
END CC;

ARCHITECTURE ARCH OF CC IS
BEGIN
PROCESS(A, B)
   BEGIN
   IF A > B THEN
   Y1 <= '1';
```

```
        Y2 <= '0';
        Y3 <= '0';
        ELSIF A = B THEN
        Y1 <= '0';
        Y2 <= '1';
        Y3 <= '0';
        ELSE
        Y1 <= '0';
        Y2 <= '0';
        Y3 <= '1';
        END IF;
    END PROCESS;
    END ARCH;
```

图 2-6 四位数据比较器符号图

例 2-10 描述的电路(见图 2-6)可以对两个四位数据进行比较，比较的结果(大于、等于、小于)分别从 Y1、Y2、Y3 输出。

3. 算术操作符。

VHDL 提供的算术操作符如表 2-3 所示。

表 2-3 VHDL 算术操作符列表

类 型	操作符	功 能	操作数数据类型
算术操作符 (Arithmetic Operator)	+	加	整数
	—	减	整数
	&	并置	一维数组
	*	乘	整数和实数(包括浮点数)
	/	除	整数和实数(包括浮点数)
	MOD	取模	整数
	REM	取余	整数
	SLL	逻辑左移	BIT 或布尔型一维数组
	SRL	逻辑右移	BIT 或布尔型一维数组
	SLA	算术左移	BIT 或布尔型一维数组
	SRA	算术右移	BIT 或布尔型一维数组
	ROL	逻辑循环左移	BIT 或布尔型一维数组
	ROR	逻辑循环右移	BIT 或布尔型一维数组
	**	乘方	整数
	ABS	取绝对值	整数

加 "+"、减 "—" 操作的运算规则与常规的加减法是一致的。VHDL 规定加减操作只

适用于整数,如果要对位矢量进行算术运算,就需要打开 STD_LOGIC_UNSIGNED 程序包,这个程序包中对算术运算符做了重新定义,使得位矢量也能进行算术运算。

【例 2-11】 四位加法器(见图 2-7)。

```
LIBRARY IEEE;
USE IEEE.STD_LOGIC_1164.ALL;
USE IEEE.STD_LOGIC_UNSIGNED.ALL;
ENTITY ADDER4B IS
    PORT(CIN: IN STD_LOGIC;
            A, B: IN STD_LOGIC_VECTOR(3 DOWNTO 0);
            S: OUT STD_LOGIC_VECTOR(3 DOWNTO 0);
            COUT: OUT STD_LOGIC);
END ADDER4B;

ARCHITECTURE BEHAV OF ADDER4B IS
SIGNAL NUMBER: STD_LOGIC_VECTOR(4 DOWNTO 0);
--定义一个名为 NUMBER 的 5 位矢量
    BEGIN
    NUMBER<=('0'&A)+('0'&B)+CIN;
    COUT<=NUMBER(4);                    --NUMBER 的最高位是进位输出
    S<=NUMBER(3 DOWNTO 0);              --NUMBER 的低四位是和
END BEHAV;
```

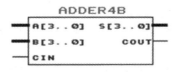

图 2-7　四位加法器符号图

例 2-11 中的 A、B 为两个相加的数,均为 4 位矢量;CIN 为进位输入;S 为和;COUT 为进位输出。并置符"&"也称连位符,可以将位连接成位矢量,也可以将两个位矢量连接成一个更大的位矢量。如 0 &1 的结果是"01";10 &11 的结果是"1011"。

"*"(乘)、"/"(除)、"MOD"(取模)和"REM"(取余)四种操作符也称求积操作符。应该注意,尽管在一定条件下,乘法和除法运算是可综合的,但从综合效率和硬件资源的角度出发,最好不要轻易使用乘除操作符,乘除运算可以用其他变通的办法来实现。此外,有些综合工具要求"*"、"/"号右边的操作数必须是 2 的乘方,以便在综合时可以通过移位来实现。

"MOD"(取模)和"REM"(取余)本质上和除法操作是一样的,因此可综合的取模、取余的操作数也必须是以 2 为底的幂。

六种移位操作符 SLL、SRL、SLA、SRA、ROL 和 ROR 是 VHDL'93 版新增的,87 版中是没有的。VHDL'93 版规定移位操作符的操作数必须是一维数组,且数组中的元素应是 BIT 或 BOOLEAN 类型,移位的位数则必须是整数。移位操作的语句格式是:

　　　　操作数　移位操作符　移位位数；

　　通常在 EDA 软件所附的程序包中对移位操作符都进行了重载(重新定义)，使得移位操作符也能支持 STD_LOGIC_VECTOR 和 INTEGER 等数据类型。

　　执行逻辑移位(SLL、SRL)时，移空的位用零填补；执行循环移位(ROL、ROR)时，用移出的位填补移空的位；执行算术移位(SLA、SRA)时，移空的位用最初的首位填补。

【例 2-12】 3-8 译码器。

```
LIBRARY IEEE;
USE IEEE.STD_LOGIC_1164.ALL;
USE IEEE.STD_LOGIC_UNSIGNED.ALL;

ENTITY   DECODER38   IS
PORT(coder : IN    STD_LOGIC_VECTOR(2 DOWNTO 0);
     Output : OUT    BIT_VECTOR(7 DOWNTO 0));
END    DECODER38;

ARCHITECTURE   BEHAV   OF   DECODER38   IS
BEGIN
     Output <= "00000001"   SLL   CONV_INTEGER(coder);
END BEHAV;
```

　　例 2-12 利用移位操作符 SLL 和程序包 STD_LOGIC_UNSIGNED 中的数据类型转换函数 CONV_INTEGER，十分简洁地完成了 3-8 译码器的设计。CONV_INTEGER 函数的功能是将矢量类型转换为整数类型，学员可自行分析此程序。

　　"**"(乘方)操作符和"ABS"(取绝对值)操作符也称混合操作符，VHDL 规定它们的操作数应为整数，如：

```
A<= ABS(B);              --将 B 的绝对值赋给 A
C<= 2**D;                --将 2 的 D 次方赋给 C
```
其中，A、B、C、D 都是整数类型。

4．符号操作符

　　符号操作符"+"和"－"的操作数只有一个，操作数的数据类型是整数。操作符"+"对操作数不做任何改变，操作符"－"的返回值是对操作数取负。VHDL 提供的符号操作符如表 2-4 所示。

表 2-4　VHDL 符号操作符列表

类型	操作符	功能	操作数数据类型
符号操作数 (Sign Operator)	+	正	整数
	－	负	整数

2.3.3　相关知识

操作符是有优先级别的，操作符 NOT、ABS、** 的级别最高，在算式中被最先执行，而 NOT 以外的逻辑操作符级别是最低的。

在编程中避免出现混淆的最好方法就是永远使用括号。

VHDL 操作符的优先级如表 2-5 所示。

表 2-5　VHDL 操作符优先级

操　作　符	优　先　级
NOT, ABS, **	高
*, /, MOD, REM	
+(正号), −(负号)	
+, −, &	
SLL, SLA, SRL, SRA, ROL, ROR	
=, /=, <, <=, >, >=	
AND, OR, NAND, NOR, XOR, XNOR	低

2.3.4　练习与测评

一、填空题

1. VHDL 操作符包括_____、_____、_____和_____四类。

2. VHDL 逻辑操作符分为_____、_____、_____、_____、_____、_____ 和_____七种，其中操作符_____优先级别最高。逻辑操作符所要求的操作数的基本数据类型有三种，即_____、_____和_____。

3. 通常在一个表达式中有两个以上运算符时，需要使用括号将这些运算符分组。若一串运算中的运算符相同，且是_____、_____、_____三种中的一种，则不需使用括号。

4. 表达式 '1' = "001" 的结果为_____，属于_____类型。

5. 若
SIGNAL a, b : STD_LOGIC_VECTOR (1 DOWNTO 0);
　SIGNAL　　c : STD_LOGIC_VECTOR (3 DOWNTO 0);
　c<= NOT a & b;
则 c 的数组长度是_____。

6. 判断下列表达式是否正确，若错误则将正确表达式写在横线上。
E1 :=　A and B and C ;　_____
E1 :=　A nand B nand C ;　_____
E1 :=　A and B or C ;　_____
E1 :=　A * B *C ;　_____
E1 := (A xor B) and C ;　_____
'0' & C <= E1 ;　_____

7. VHDL 的语言要素主要有数据对象、数据类型、操作数及_____。

8. 操作符 =、OR、NOT、SLL、& 按优先级重新排列后的顺序是_____。

二、选择题

1. 下列表达式不正确的是( )。

A. "1011" SLL 1 = "0110"

B. singal a:　bit_vector(7 downto 0);

　　a <= "10110110"; 则 a(0) = '0';

C. (−5) rem 2 = (−1)

D. (−5) mod 2 = (−1)

2. 连接运算符"&"所操作的数据类型是( )。

A. 整数(Integer)　　　　　　　B. Boolean 类型

C. 字符串(String)　　　　　　　D. 一维数组

3. 在 VHDL 中,加"＋"和减"−"算术运算的操作数是( )数据类型。

A. 整型　　　　　B. 实型　　　　　C. 整型或实型　　　　　D. 任意类型

4. signal d1: std_logic_vector(3 downto 0);

　　signal d2: std_logic_vector(1 downto 0);

　　signal d3: std_logic_vector(5 downto 0);

　　d1 <= (1 => '1', 3 => '1', others => '0');

　　d2 <= (others => '0');

　　d3 <= d2 & d1;

下列结果正确的是( )。

A. d1 <= "1011"; d2 <= "11"; d3 <= "111010";

B. d1 <= "1010"; d2 <= "00"; d3 <= "001010";

C. d1 <= "1010"; d2 <= "00"; d3 <= "101000";

D. d1 <= "0101"; d2 <= "00"; d3 <= "010100";

5. 在下列关系操作符中,结果判断为 FALSE 的是( )。

A. '0' = '0';　B. "1010" > "0101";　C. "01" < '1 ';　D. "011" > '1';

6. 以下说法错误的是( )。

A. 在基本操作符间的操作数必须具有相同的数据类型

B. 操作数的数据类型必须与操作符所要求的数据类型保持一致

C. 在 VHDL 编程中避免对操作符优先顺序出现混淆的最好方法就是永远使用括号

D. 关系操作符适用于任何数据类型

7. 若 S1 为"1010",S2 为"0101",则下列程序执行后,outValue 的输出结果为( )。

```
library ieee;
use ieee.std_logic_1164.all;
entity ex is
    port(S1: in std_logic_vector(3 downto o);
        S2: in std_logic_vector(0 to 3);
            outValue: out std_logic_vector(3 downto 0));
```

```
        end ex;
        architecture rtl of ex is
        begin
        outValue(3 downto 0) <= (S1(2 downto 0)and not S2(1 to 3))&(S1(3)xor S2(0));
    end rtl;
```

A. 0101　　　　　　B. 0100　　　　　　C. 0001　　　　　　D. 0000

8. 假设输入信号 a = "0110"，b = 'E'，则以下程序执行后，c 的值为(　　)。

```
        entity logic is
        port(a, b: in std_logic_vector(3 downto 0);
            c: out std_logic_vector(7 downto 0));
        end logic;
        architecture a of logic is
        begin
            c(0) <= not a(0);
            c(2 downto 1) <= a(2 downto 1) and  b(2 downto 1);
            c(3) <= '1'xor b(3);
            c(7 downto 4) <= "1111" when a(2)) else "0000";
        end a;
```

A. F8　　　　　　　B. FF　　　　　　　C. F7　　　　　　　D. 0F

三、简答题

1. 在 VHDL 中操作符的优先级关系是怎样的？

2. 在一个表达式中如果含有多种逻辑运算符，应按什么样的规则进行运算？

3. 阅读下面的并置运算，然后回答问题。

```
        signal a : std_logic;
        signal b : std_logic;
        signal c : std_logic_vector(3 downto 0);
        signal d : std_logic_vector(7 downto 0);
        c <= a & a & b & b;
        d <= a & b & c & d;
```

上面的并置运算是否正确？如不正确，请说明原因。

　　4. 下面三个表达式是否等效？

```
        a <= not b and c or d;
        a <=( not b and c) or d;
        a <= not b and (c or d);
```

　　5. 按照 VHDL 运算符的优先级，判断表达式"-a mod b;"是否等价于"(-a)mod (b) ;"，或等价于"-(a mod b) ;"。

　　四、设计题

　　1. 试编写一个完整的程序，实现如图 2-8 所示的电路的功能。

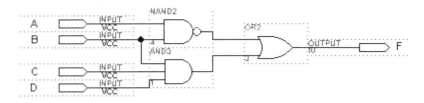

图 2-8　电路图

2. 设计如图 2-9 所示的系统，该系统由一位加法器和一位减法器构成，其中 A、B 为输入信号，C 为加法器的低位进位信号，sum 为加法器的和输出，carry 为加法器向上一级的进位信号，sub 为减法器的输出，cin 为减法器向上一级的减法借位，cout 为这一级的减法是否发生借位。它们的布尔表达式为

$$\text{sum} = A \oplus B \oplus C \qquad \text{carry} = AB + AC + BC$$

$$\text{sub} = A \oplus B \oplus \text{cin} \qquad \text{cout} = \overline{A}B + \overline{A}\text{cin} + B\text{cin}$$

(⊕：代表异或运算；　+：代表或运算)

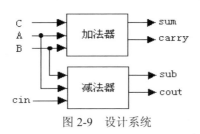

图 2-9　设计系统

第 3 章　VHDL 典型电路设计

通过上一章的学习我们对 VHDL 的结构和要素有了初步的了解。本章将通过读者熟知的典型电路实例，分析电路的功能特点和设计方法，给出 VHDL 程序，介绍 VHDL 的电路设计方法，并学习相关语句的含义。

在本章的学习过程中，应将相关内容在 Quartus Ⅱ 或其他 EDA 软件和 FPGA 平台上进行验证，从而达到快速入门的目的。

3.1　典型组合电路的设计

3.1.1　案例分析

译码器(Decoder)是一类多输入多输出组合逻辑电路器件，可以分为变量译码器和显示译码器两类。变量译码器一般是一种较少输入变为较多输出的器件，常见的有 n-2^n 线译码和 8421BCD 译码两类；显示译码器用来将二进制数转换成对应的七段码，一般可分为驱动 LED 和驱动 LCD 两类。

下面我们以 3-8 译码器的设计为例，来开始 VHDL 组合电路设计的学习。

【例 3-1】　3-8 译码器的 VHDL 设计(见图 3-1)。

功能分析：此例是标准集成译码器 74LS138 的 VHDL 描述。为了便于扩展，译码器中设置了三个使能端 E1、E2、E3，其中 E1 是高电平有效，E2、E3 均为低电平有效，只有这三个使能信号均有效(即 E1 = '1' and E2 = '0' and E3 = '0')时，译码器才能工作。Y7～Y0 是译码输出端，低电平有效。其真值表见表 3-1。

表 3-1　3-8 译码器真值表

使能		输入码			译 码 输 出							
E1	E2+E3	C	B	A	Y7	Y6	Y5	Y4	Y3	Y2	Y1	Y0
×	1	×	×	×	1	1	1	1	1	1	1	1
0	×	×	×	×	1	1	1	1	1	1	1	1
1	0	0	0	0	1	1	1	1	1	1	1	0
1	0	0	0	1	1	1	1	1	1	1	0	1
1	0	0	1	0	1	1	1	1	1	0	1	1
1	0	0	1	1	1	1	1	1	0	1	1	1
1	0	1	0	0	1	1	1	0	1	1	1	1
1	0	1	0	1	1	1	0	1	1	1	1	1
1	0	1	1	0	1	0	1	1	1	1	1	1
1	0	1	1	1	0	1	1	1	1	1	1	1

以下是 3-8 译码器的 VHDL 程序：

```
LIBRARY IEEE;
USE IEEE.STD_LOGIC_1164.ALL;
ENTITY  DECO138  IS
PORT(A, B, C: IN   STD_LOGIC;
        E1, E2, E3: IN   STD_LOGIC;
        Y0, Y1, Y2, Y3, Y4, Y5, Y6, Y7:   OUT   STD_LOGIC);
END   DECO138;
ARCHITECTURE   BEHAV   OF   DECO138   IS
    SIGNAL   INPUT: STD_LOGIC_VECTOR(2 DOWNTO 0);
    SIGNAL   EAB: STD_LOGIC;
    SIGNAL   SIG: STD_LOGIC_VECTOR(7 DOWNTO 0);
    BEGIN
PROCESS(A, B, C, E1, E2, E3)
    BEGIN
    INPUT <= C&B&A;
    EAB <= E2 or E3;
IF (E1 = '0')   THEN
    SIG <= (OTHERS => '1');
    ELSIF EAB = '1' THEN
    SIG <= (OTHERS=>'1');
ELSE
CASE INPUT IS
WHEN "000" => SIG <= "11111110";
WHEN "001" => SIG <= "11111101";
WHEN "010" => SIG <= "11111011";
WHEN "011" => SIG <= "11110111";
WHEN "100" => SIG <= "11101111";
WHEN "101" => SIG <= "11011111";
WHEN "110" => SIG <= "10111111";
WHEN "111" => SIG<= "01111111";
WHEN OTHERS => SIG <= "11111111";
END CASE;
END IF;
END   PROCESS;
Y0 <= SIG(0);
Y1 <= SIG(1);
Y2 <= SIG(2);
```

图 3-1   3-8 译码器逻辑图

```
        Y3 <= SIG(3);
        Y4 <= SIG(4);
        Y5 <= SIG(5);
        Y6 <= SIG(6);
        Y7 <= SIG(7);
    END    BEHAV;
```

设计要点：

(1) 为了和真值表对应，例 3-1 中将 3-8 译码器的输入和输出端口定义为标准逻辑位 STD_LOGIC，实际上输入信号(A、B、C)和输出信号(Y0、Y1、Y2、Y3、Y4、Y5、Y6、Y7)均为并列的多位端口，可作为矢量处理。结构体中定义了内部信号 INPUT、SIG，采用标准逻辑矢量 STD_LOGIC_VECTOR 类型，分别对应于输入码和译码输出。

(2) 使用 IF 语句和 CASE 语句作为功能表述语句，诠释组合电路的真值表。IF 语句描述使能端 E1、E2、E3 的控制功能；CASE 语句描述译码功能，根据 A、B、C 端输入的二进制代码选择将相应的译码结果送到输出端 Y。

(3) IF、CASE 语句属于顺序语句，必须放在进程语句 PROCESS 中使用。

下面我们就对 VHDL 的相关知识点做进一步了解。

3.1.2　知识点

1. 标准逻辑矢量数据类型 STD_LOGIC_VECTOR

STD_LOGIC_VECTOR 是 STD_LOGIC_1164 中定义的标准一维数组，数组中每个元素的数据类型都是标准逻辑位 STD_LOGIC。使用 STD_LOGIC_VECTOR 可以表达电路中并列的多通道端口、节点或者总线。

在使用此数据类型时，必须注明其数组宽度。如：

```
        a: in std_logic_vector(2 DOWNTO 0);        --下标序列由高到低，用 DOWNTO
        y: out std_logic_vector(0 TO 7);           --下标序列由低到高，用 TO
```

上句定义输入端 a 为一个具有 3 位位宽的总线端口信号，它的最高位(居最左端)是 a(2)，通过数组元素排列指示关键字 DOWNTO 向右依次递减定义 a(1) 和 a(0)。

同理，下句定义输出端 y 为一个具有 8 位位宽的总线端口信号，通过关键字 TO，从左往右依次递增定义为 y(0)~y(7)，其中 y(0) 为最高位。

实际使用中应注意数组的位宽，只有同位宽、同数据类型的矢量之间才能进行赋值。根据以上定义，有：

```
        y <= "10000000";              --其中 y(0) 为 1
        y(0 to 3)   <= "0001";        --其中 y(3) 为 1
        y(5 to 7)   <= a;             --其中 y(7) 为 a(0)
```

其中，多位二进制数必须加双引号，如"10000000"；而一位二进制数则加单引号，如'1'。

2. IF 语句

IF 语句是 VHDL 中最重要的语句结构之一，它根据语句中设置的一种或多种条件，有选择地执行指定的顺序语句。

IF 语句使用比较灵活，在例 3-1 中使用的格式如下：

```
IF  条件句 1 THEN
    顺序语句 1；
ELSIF 条件句 2 THEN
    顺序语句 2；
ELSE   顺序语句 3；
END IF；
```

此语句首先判断条件句 1，如果条件 1 为真，则执行顺序语句 1，如果条件 1 为假则判断条件句 2；如果条件 2 为真，则执行顺序语句 2，反之则执行 ELSE 后面的顺序语句 3。

IF 语句的条件之间有优先级的差别，先出现的条件优先级高于后出现的条件。故上述语句中条件句 1 的优先级别高于条件句 2。

IF 语句中至少要有一个条件句，条件句必须是 BOOLEAN 表达式，即结果只能是 TRUE 或 FALSE。IF 语句根据条件句的结果，选择执行其后的顺序语句。此结构可以实现条件分支功能，通过关键词 ELSIF 设定多个条件，使顺序语句的执行分支可以超过两个。

例如：

```
SIGNAL a, b, c, p1, p2, z: BIT;
…
IF (p1= '1') THEN
    z<=a;              --此语句的执行条件是(p1 = '1')
ELSIF (p2= '0') THEN
    z<=b;              --此语句的执行条件是(p1 = '0')AND(p2 = '0')
ELSE
    z<=c;              --此语句的执行条件是(p1 = '0')AND(p2 = '1')
END IF;
```

关于 IF 语句的完整讲述，见 4.1.1 小节。

3. CASE 语句

CASE 语句根据满足的条件直接选择多项顺序语句中的一项执行。格式如下：

```
CASE  表达式  IS
WHEN  选择值  =>  顺序语句；
WHEN  选择值  =>  顺序语句；
…
END CASE；
```

CASE 语句在执行时，首先计算表达式的值，然后选择条件语句中与之相同的选择值，执行对应的顺序语句。条件句的次序是不重要的，它的执行更接近于并行方式。

选择值可以有四种不同的表达方式：

(1) 单个普通数值，如 4；

(2) 数值选择范围，如(2 to 4)，表示取值为 2、3 或 4；

(3) 并列数值，如 3｜5，表示取值为 3 或者 5；

(4) 混合方式，即以上三种方式的组合。

使用 CASE 语句时应注意：

(1) 条件句中的选择值必在表达式的取值范围内；

(2) 每一个选择值只能出现一次，即可执行条件不能有重叠；

(3) 选择值要包含表达式所有可能的取值，否则在最后必须用"OTHERS"表示；

(4) CASE 语句执行中必须选中，且只能选中条件句中的一条，即 CASE 语句中至少包含一个条件句。

几种 CASE 语句常见错误：

```
SIGNAL   VALUE : INTEGER   RANGE   0   TO   15;
SIGNAL   OUT1 : STD_LOGIC;
...
    CASE   VALUE   IS              --缺少以 WHEN 引导的条件句
    END   CASE;
    ...
    CASE   VALUE   IS
        WHEN 0 => OUT1 <='1' ;
        WHEN 1 => OUT1 <= '0' ;     --选择值 2～15 未包含进去
    END   CASE;
    ...
    CASE   VALUE   IS
        WHEN 0 TO 10 =>   OUT1 <='1';   --选择值有重叠
        WHEN 5 TO 15 =>   OUT1 <= '0';
    END   CASE;
```

与 IF 语句相比，CASE 语句的特点是可读性比较好，它把所有可能出现的情况都列出来了，可执行条件一目了然。

有的逻辑功能既可以用 IF 语句描述，也可以用 CASE 语句描述，但有些逻辑 CASE 语句无法描述，只能用 IF 语句描述，这是因为 IF-THEN-ELSE 语句具有条件相与的功能和自动将逻辑值"－"包括进去的功能（"－"有利于逻辑的化简），而 CASE 语句只有条件相或的功能。

综合后，对相同的逻辑功能，CASE 语句比 IF 语句的描述耗用更多的硬件资源。

下面是一个用 CASE 语句描述的 4 选 1 多路开关的例子。

【例 3-2】　4 选 1 多路开关。

```
LIBRARY IEEE;
USE IEEE.STD_LOGIC_1164.ALL;
ENTITY mux4    IS
PORT(s1, s2: INSTD_LOGIC;
        a, b, c, d: INSTD_LOGIC;
            z: OUTSTD_LOGIC);
```

```
END ENTITY mux4;
ARCHITECTURE activ OF mux4 IS
    SIGNAL s: STD_LOGIC_VECTOR(0 TO 1);
BEGIN
    s <= s1&s2;
PROCESS(s, a, b, c, d)
    BEGIN
CASE s IS
WHEN    "00 " => z <= a;
WHEN    "01 " => z <= b;
WHEN    "10 " => z <= c;
WHEN    "11 " => z <= d;
WHEN OTHERS => NULL;                 --NULL 是空操作指令
END CASE;
END PROCESS;
END activ;
```

例 3-2 中的信号 "s" 是 STD_LOGIC_VECTOR 类型，它的取值除了 0 和 1 以外，还可能有其他的值，如高阻态 Z、不定态 X 等，因此最后一个条件句使用了关键词 OTHERS，使用 OTHERS 的目的是涵盖信号 "s" 所有可能的取值。

虽然 CASE 语句称为顺序语句，但它的执行却具有明显的并行特点，例 3-2 中若 s=10，则立即执行语句 z<=c，而不是从第一条 WHEN 语句开始逐条进行比较。也就是说，CASE 语句中 WHEN 条件句的先后次序是无关紧要的，而且条件句的数量也是不重要的，即执行一条 WHEN 语句和执行十条 WHEN 语句的时间是一样的。这就是并行运行的特点。

在 CASE 语句中，OTHERS 只能出现一次，且只能作为最后一种条件取值。

下面是一个三态输出的数据选择器，注意其中对高阻态的描述方式。

【例 3-3】 三态输出的数据选择器。

```
library ieee;
use ieee.std_logic_1164.all;
entity tri_bus1 is
port (a, b : in std_logic_vector(7 downto 0);
    aen,    ben : in std_logic;
    q : out std_logic_vector(7 downto 0));
end tri_bus1;
architecture tri_bus1_body of tri_bus1 is
signal control : std_logic_vector(1 downto 0);
begin
control(1) <= aen; --注意这种赋值方式
control(0) <= ben;
process(a, b, control)
```

```
begin
case control is
when "10" =>q <= a;
when "01" =>q <= b;
when    others =>q <= (others => 'Z'); --  表示高阻态的'Z'必须大写
end case;
end process;
end tri_bus1_body;
```

4．进程语句 PROCESS

进程语句是 VHDL 程序中用来描述硬件电路工作行为的最常用、最基本的语句。进程语句本身是并行语句，即一个结构体中多个进程之间是并行关系，各个进程之间可以通过信号进行通信。进程内部只能使用顺序语句。

进程语句不是单条语句，而是由顺序语句组成的程序结构，其基本格式如下：

```
[进程标号]:  PROCESS [(敏感信号表)]  IS
                [进程说明部分]
                BEGIN
                顺序语句
                END    PROCESS    [进程标号];
```

进程是由关键字"PROCESS"引导，到语句"END PROCESS"结束的语句结构。每一个进程可以赋予一个进程标号，但进程标号不是必需的，敏感信号表后面的"IS"也不是必需的。

可见，PROCESS 语句是由三个部分组成的，即进程说明部分、顺序语句描述部分和敏感信号表。

在进程说明部分可以定义一些局部量，包括数据类型、变量、常数、属性、子程序等，但要注意，在进程说明部分不允许定义信号。进程说明部分也不是必需的。

在顺序语句部分可以使用各种顺序语句对电路的功能进行描述。

敏感信号表中需列出用于启动本进程的信号，一旦其中任意一个信号发生变化，进程就被启动，进程中的语句就被执行一遍。下面是一个将电路的四个输入信号(a, b, c, d)全部列为进程的敏感信号的例子。

【例 3-4】　简单组合逻辑电路的设计。

```
library ieee;
use ieee.std_logic_1164.all;
entity zhlj_1 is
port(a, b, c, d: in std_logic;
    f: out std_logic);
end entity zhlj_1;
architecture gn of zhlj_1 is
signal m, n: std_logic;
```

```
        begin
            process(a, b, c, d)
            begin
                m <= a nand b;
                n <= b and c and d;
                f <= m or n;
            end process;
        end architecture gn;
```

一个进程可以看作是设计实体中的一部分功能相对独立的电路模块；一个设计实体中可以包含多个进程，进程之间是并行关系，各个进程之间可以通过信号进行通信。下面是一个包含两个进程的例子。

【例 3-5】　进程之间的通信。

```
        entity mul is
        port(a, b, c, selx, sely: in    bit;
             data_out : out    bit);
        end mul;
        architecture ex of mul is
        signal tmp : bit;
        begin
        pa: process(a, b, selx)
            begin
            if selx = '0' then
            tmp <= a;
            else
            tmp <= b;
            end if;
            end process pa;
        pb: process(tmp, c, sely)
            begin
            if sely = '0' then
            data_out <= tmp;
            else
            data_out <= c;
            end if;
            end process pb;
        end ex;
```

例 3-5 中有两个进程：pa 和 pb，它们的敏感信号分别为 a、b、selx 和 tmp、c、sely，两个进程是完全独立的。内部信号 tmp 在进程 pa 中是输出，在进程 pb 中则作为输入，可

见，信号 tmp 是连接两个进程的通信线。这两个进程描述的都是 2 选 1 多路开关，将综合
成如图 3-2 所示的电路。

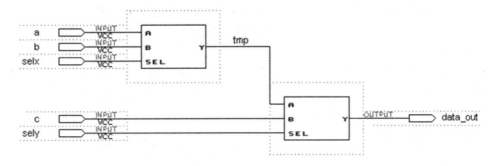

图 3-2　例 3-5 的电路

3.1.3　相关知识

除了上面介绍的 CASE 语句外，VHDL 中还有其他语句可以实现组合逻辑电路的设计，
可根据实际情况进行选用。

1. 条件信号赋值语句 WHEN-ELSE

条件信号赋值语句执行时按书写的先后顺序逐条测定赋值条件，一旦发现条件成立，
就立即将表达式的值赋给赋值目标。最后一个表达式可以不跟条件句，表示以上条件都不
满足时将此表达式的值赋予赋值目标。

条件信号赋值语句格式如下：

　　　　赋值目标 <= 表达式　WHEN　赋值条件 ELSE

　　　　表达式　WHEN　赋值条件 ELSE

　　　　…

　　　　表达式；

使用 WHEN-ELSE 语句时应注意：

(1) 条件信号赋值语句是并行语句，不能在进程中使用；

(2) 条件语句测试具有顺序性，第一子句具有最高赋值优先级；

(3) 执行时按书写的先后顺序逐条测定赋值条件，一旦赋值条件为 TRUE，就立即将表
达式的值赋给赋值目标。最后一个表达式可以不跟条件句，表示以上条件都不满足时，将
此表达式的值赋予赋值目标。

注意：条件信号语句允许有重叠现象，这与 CASE 语句不同。

【例 3-6】　WHEN-ELSE 语句的使用。

```
ENTITY   mux   IS
    PORT ( a, b, c: IN BIT ;
          p1, p2: IN BIT ;
              z: OUT BIT);
END;
ARCHITECTURE behav OF mux IS
```

```
    BEGIN
        z <= a WHEN p1 = '1' ELSE        --p1 = '1' 时将 a 赋给 z
            b WHEN p2 = '1' ELSE         --p1 = '0' AND p2 = '1' 时，将 b 赋给 z
            c;                           --p1 = '0'AND p2 = '0' 时，将 c 赋给 z
    END;
```

应该注意，由于条件测试的顺序性，第一个条件句具有最高优先级，第二句其次，第三句最后。也就是说，例 3-6 中如果 p1 和 p2 同时为 1，则 z 获得的赋值是 a。

2. 选择信号赋值语句 WITH-SELECT

选择信号赋值语句也是并行语句，其功能与进程中的 CASE 语句相似。选择信号赋值语句的格式如下：

```
    WITH    选择表达式    SELECT
    赋值目标 <= 表达式    WHEN    选择值,
    表达式    WHEN    选择值,
    ...
    表达式    WHEN    选择值;
```

仍以 3-8 译码器为例，用选择信号赋值语句描述的例子如下。

【例 3-7】 3-8 译码器的功能描述。

```
    …
    architecture   behav   of   yima3_8 is
    begin
    WITH a SELECT
      y <= "00000001" when "000",
           "00000010" when "001",
           "00000100" when "010",
           "00001000" when "011",
           "00010000" when "100",
           "00100000" when "101",
           "01000000" when "110",
           "10000000" when "111",
           "00000000" when others;
    end behav;
```

使用 WITH-SELECT 语句时应注意：

(1) 选择信号赋值语句不能在进程中使用。

(2) 与条件信号赋值语句不同，对选择值(赋值条件)的测试不是顺序进行，而是同时进行的。

(3) 功能和进程中的 CASE 语句相似，各子句的条件(选择值)不能有重叠，且必须包含所有的条件。

(4) 选择信号赋值语句也有敏感量，就是 WITH 旁的选择表达式，每当选择表达式的值发生变化就启动语句，将选择表达式的值与各选择值进行对比，一旦相符就将对应表达式的值赋给赋值目标。

下面的例子描述的是一个选择条件为不同取值范围的 4 选 1 多路选择器。

【例 3-8】　4 选 1 多路选择器。

```
...
WITH   selt   SELECT
muxout <=   a  WHEN     0 | 1,      -- selt 为 0 或 1
            b  WHEN   2 TO 5,       --selt 为 2 或 3 或 4 或 5
            c  WHEN     6,
            d  WHEN     7,
           'Z'  WHEN OTHERS;
...
```

下面是一个简化的指令译码器的例子，由 A、B、C 三个位构成不同的指令码，对 DATA1 和 DATA2 两个输入值进行不同的逻辑运算，结果从 DATAOUT 输出。

【例 3-9】　指令译码器。

```
LIBRARY IEEE;
USE IEEE.STD_LOGIC_1164.ALL;
USE IEEE.STD_LOGIC_UNSIGNED.ALL;
ENTITY decoder IS
    PORT (a, b, c: IN STD_LOGIC;
            data1, data2: IN STD_LOGIC;
              dataout : OUT STD_LOGIC);
END decoder;
ARCHITECTURE concunt OF decoder IS
    SIGNAL instruction : STD_LOGIC_VECTOR(2 DOWNTO 0);
       BEGIN
instruction <= c & b & a;
WITH instruction SELECT
    dataout <= data1   AND data2   WHEN "000",
              data1   OR   data2   WHEN "001",
              data1 NAND data2   WHEN "010",
              data1 NOR   data2   WHEN "011",
              data1 XOR   data2   WHEN "100",
              data1 XNOR data2   WHEN "101",
                      'Z'    WHEN OTHERS;
    END concunt;
```

注意：选择信号赋值语句的每一子句的结尾是逗号，最后一句是分号；而条件信号赋值语句每一子句的结尾没有标点，只有最后一句有分号。

3.2　典型时序电路的设计

3.2.1　案例分析

在时钟信号触发时才能动作的存储单元电路称为触发器。D 触发器是最简单、最常用的触发器，是现代数字系统设计中最基本的底层时序元件。下面我们通过介绍 D 触发器的设计来学习 VHDL 时序电路设计的知识。

【例 3-10】　D 触发器的 VHDL 设计。

分析：图 3-3 所示电路有时钟端 CP，输入端 D，一组互逆输出端 Q 和 NQ。该电路的功能是 CP 为上升沿时，$Q^{n+1}=D$。

以下是 D 触发器的 VHDL 程序：

```
library ieee;
use ieee.std_logic_1164.all;

entity d_ff is
port(cp: in bit;
        d: in std_logic;
        q, nq: out std_logic);

end entity;
architecture gn of d_ff is
signal xh: std_logic;
begin
    process(cp)
    begin
        if cp'event and cp = '1'then
            xh <= d;
        end if;
    end process;
q <= xh;
nq <= not xh;
end gn;
```

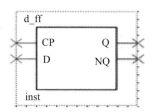

图 3-3　D 触发器符号图

设计要点：

(1) 边沿触发器在时钟沿触发时发生翻转，程序中"cp'event and cp='1'"是 VHDL 中上升沿的表述方式。

(2) 相对于组合电路，时序电路有记忆，触发器具有存储数据的功能。使用 IF 语句的不完整形式(IF-THEN-END IF)可以实现保持功能。

(3) 时序电路输出端有反馈,与端口模式 OUT 的单向性矛盾,故需设置中间信号"signal xh:　std_logic"。

3.2.2　知识点

1. 边沿的检测

例 3-10 条件中的判断表达式"cp'event and cp = '1' "是用于时钟信号 CP 上升沿的检测的。如果检测到 CP 的上升沿,那么表达式的输出为 TURE。

在信号类属性中,最常用的当属 EVENT,它用来检测信号在一个极短的时间段内有无"事件"发生,如果有,就返回一个布尔值 TRUE,反之就返回 FALSE。这里所说的事件,是指信号的值发生变化,如信号从 0 变为 1,或从 1 变为 0 都是事件。

例如:语句"IF(CLK' EVENT　AND　CLK = '1') THEN …"是用来检测 CLK 信号上升沿的,当 CLK'EVENT 和 CLK = '1' 的值都为 TRUE 时,就说明 CLK 信号有一个上升沿。

同理,CLK'EVENT AND CLK = '0' 可以表示下降沿。

但必须注意,只有当 CLK 信号是 BIT 类型时才能用这种方式检测上升沿,因为 BIT 类型只有 0 和 1 两种取值。如果 CLK 是 STD_LOGIC 类型,它可能的取值有 9 种,当 CLK'EVENT 和 CLK='1'都为 TRUE 时就不一定是上升沿了,此时应该用"IF RISING_EDGE(CLK) THEN …"来检测信号的上升沿。

RISING_EDGE( )和 FALLING_EDGE( )是 STD_LOGIC_1164 标准程序包中预定义的两个函数,可用来检测标准逻辑信号的上升沿和下降沿。

STABLE 的值与 EVENT 相反,即没有事件时返回 TRUE,有事件时返回 FALSE,下面两条语句的功能是一样的:

```
NOT   CLK' STABLE AND   CLK = '1'
CLK' EVENT AND CLK = '1'
```

2. 不完整条件句的保持功能

IF 语句的不完整条件句格式如下:

```
IF  条件句  THEN
顺序语句;
END IF;
```

这种结构是最简单的 IF 语句结构,执行此句时,首先判断条件句的结果,若结果为 TRUE,则执行关键词"THEN"和"END IF"之间的顺序语句;若条件为 FALSE,则跳过顺序语句不予执行,相关信号的值维持不变。

例如:

```
IF (a>b) THEN
Output <= '1';
END   IF;
```

当条件句(a>b)成立时,向信号 Output 赋值 1,不成立时,此信号维持原值。

由于这种不完整的条件句具有保持信号不变的特点,因此时序电路的描述常采用这种结构。如例 3-10 中，当 CP 发生变化时，PRCCESS 被启动，IF 语句检测表达式"cp'event and cp='1'"是否满足条件。如果 CP 出现上升沿，就执行赋值语句，将 D 送往输出端，否则跳过赋值语句，输出保持不变。对于 D 触发器来说，就是 CP 端无上升沿时，输出端 Q 值保持不变。

3. 利用 BUFFER 模式实现反馈

根据电路功能 Q 和 NQ 是一对互逆的输出端，可知"NQ<=NOT Q;"。定义端口 Q 为 OUT，为单向输出模式，可以在设计实体中向此端口赋值，但不能作为赋值源，故需要设置 SIGNAL 作为中间量。

例 3-10 的另一个处理方案是利用 BUFFER 模式，将端口 Q 定义为具有数据读入功能的输出端口，即可以将输出至端口的信号回读，即

```
Q : BUFFER   STD_LOGIC;
NQ : OUT STD_LOGIC;
```

此时无需定义内部信号"xh"，就可直接使用"NQ <= NOT Q;"语句。

从本质上看，BUFFER 模式仍是 OUT 模式，它与双向模式的区别在于 BUFFER 模式回读的信号不是外部输入的，而是由内部产生并保存的。

3.2.3 相关知识

1. WAIT 语句

在进程 PROCESS 中，当执行到 WAIT 语句时，程序将被挂起(SUSPENSION)，直到设置的条件满足后再重新开始运行。

WAIT 语句主要有以下两种形式：

```
WAIT   ON   信号表;
WAIT   UNTIL   条件表达式;
```

【例 3-11】 用等待语句实现 D 触发器的设计。

```
…
PROCESS
  BEGIN
    WAIT UNTIL CP = '1' ;
    Q <= D ;
END PROCESS;
…
```

例 3-11 中的进程将在 WAIT 语句处被挂起，只有当条件表达式中的信号发生变化，并且满足所设的条件时，才能脱离挂起状态。一般来说，只有这种形式的 WAIT 语句(WAIT-UNTIL)才能被综合，其他形式的等待语句只能用于仿真。

注意：此例中的 PROCESS 语句未列出敏感信号，VHDL 规定，已列出敏感量的进程中不能使用任何的 WAIT 语句。

【例 3-12】 求平均值的功能描述。

下面的程序描述的是硬件求平均值的功能，每个时钟脉冲由 A 输入一个数，4 个脉冲后将得到这 4 个数的平均值。

```
PROCESS
BEGIN
    WAIT UNTIL CLK = '1';
    AVE <= A;
    WAIT UNTIL CLK = '1';
    AVE <= AVE+A;
    WAIT UNTIL CLK = '1';
    AVE <= AVE+A;
    WAIT UNTIL CLK = '1';
    AVE <= (AVE+A) / 4;
END PROCESS;
```

2．属性描述与定义语句

VHDL 中的某些项目可以具有属性(Attribute)，包括数据类型、过程、函数、信号、变量、常量、实体、结构体、配置、程序包、元件和语句标号等。属性代表这些项目的某种特征，通常可以用一个值或一个表达式来表示。

属性描述语句的格式如下：

　　　属性测试项目名' 属性名

例如：

　　IF　CP' EVENT　AND　CP = '1'　THEN　　　　　　--检测 CP 上升沿到来

又如：

　　SUBTYPE TEMP IS INTEGER RANGE 0 TO 15;

　　SIGNAL E1, E2, E3, E4: INTEGER;

　　E1 <= TEMP' RIGHT;　　　　　　--E1 获得 TEMP 的右边界，即 15

　　E2 <= TEMP' LEFT;　　　　　　　--E2 获得 TEMP 的左边界，即 0

　　E3 <= TEMP' HIGH;　　　　　　　--E3 获得 TEMP 的上限值，即 15

　　E4 <= TEMP' LOW;　　　　　　　--E4 获得 TEMP 的下限值，即 0

又如：

　　TYPE ARRY1 ARRAY(0 TO 7)OF BIT;

　　VARIABLE WTH: INTEGER;

　　WTH := ARRY1' LENGTH;　　　　　--WTH 获得的是数组 ARRY1 的长度，即 8

再如：

　　SIGNAL　SIG1:　　STD_LOGIC_VECTOR(0TO 7);

　　FOR　I　IN　　SIG1' RANGE　LOOP;

其中的 FOR_LOOP 语句相当于 "FOR　I　IN　0 TO 7 LOOP;"，即 SIG1' RANGE 返回的是位矢量 SIG1 定义的元素范围。如果用 REVERSE_RANGE，则返回的区间是(7 DOWNTO 0)。

3．其他时序元件的设计

除了上面介绍的 D 触发器外，VHDL 中还可以实现其他基本时序元件，如 JK 触发器等。

【例 3-13】 JK 触发器的 VHDL 设计。

边沿 JK 触发器特性如表 3-2 所示。

表 3-2　边沿 JK 触发器特性表

CP	J	K	Q^{n+1}	功　能
↑ 或 0 或 1	×	×	Q^n	保持
↓	0	1	0	置 0
↓	1	0	1	置 1
↓	1	1	$\overline{Q^n}$	翻转
↓	0	0	Q^n	保持

以下是 JK 触发器的 VHDL 程序:

```
library ieee;
use ieee.std_logic_1164.all;
entity jk_ff is
port(cp: in bit;
    j, k: in std_logic;
    q: buffer std_logic);
end jk_ff;
architecture one of jk_ff is
begin
process(cp, j, k)
begin
if cp'event and cp = '0' then
if   j = '1' and k = '0' then q <= '1';
elsif j = '0' and k = '1' then q <= '0';
elsif j = '1' and k = '1' then q <= not q;
end if;
end if;
end process;
end one;
```

3.3　计数器的 VHDL 设计

3.3.1　案例分析

计数器就是用于实现计数运算的逻辑电路。计数器在数字系统中主要是对脉冲的个数进行计数,以实现测量、计数和控制的功能,同时兼有分频功能。计数器是由基本的计数单元和一些控制门所组成的，而计数单元则由一系列具有存储信息功能的各类触发器构成。下面我们以四位计数器的设计为例，来学习计数器的设计，分同步计数器和异步计数器两类进行介绍。

【例 3-14】　带异步清零端的四位二进制加法计数器的 VHDL 设计。

分析：该电路的输入端包括清零、使能、时钟，输出端包括计数结果和进位，见图 3-4。电路功能详见表 3-3。

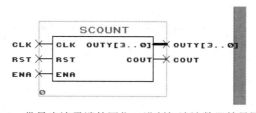

图 3-4　带异步清零端的四位二进制加法计数器符号图

表 3-3　带异步清零端的四位二进制加法计数器功能表

RST	ENA	CLK	OUTY	COUT
1	×	×	异步清零	
0	0	×	保持不变	
0	1	↑	加法计数	进位
0	1	×	保持不变	

以下是带异步清零的四位二进制加法计数器的 VHDL 程序：

```
LIBRARY IEEE;
USE IEEE.STD_LOGIC_1164.ALL;
USE IEEE.STD_LOGIC_UNSIGNED.ALL;
ENTITY scount IS
    PORT (CLK : IN BIT;
          RST : IN STD_LOGIC;
          ENA : IN STD_LOGIC;
          OUTY : BUFFER    STD_LOGIC_VECTOR(3 DOWNTO 0);
          COUT : OUT STD_LOGIC);
END scount;
ARCHITECTURE behav OF scount IS
    BEGIN
P_REG: PROCESS(CLK, RST, ENA)
    BEGIN
        IF RST = '1' THEN    OUTY <= "0000";
        ELSIF CLK'EVENT AND CLK = '1' THEN
            IF ENA = '1' THEN    OUTY <= OUTY+ 1;
            END IF;
COUT <= OUTY(0) AND OUTY(1) AND OUTY(2) AND OUTY(3);
```

```
        END IF;
    END   PROCESS   P_REG;
    END   behav;
```

设计要点：

(1) 之所以用"USE IEEE.STD_LOGIC_UNSIGNED.ALL;"打开 STD_LOGIC_UNSIGNED 程序包，是因为 VHDL 规定加法只能对整数 INTEGER 进行操作。打开程序包重载函数后，可对 STD_LOGIC_VECTOR 进行加法运算。

(2) 注意异步端和同步端处理的区别，一是其与时钟端的位置关系，二是正确使用 IF-IF 及 IF-ELSIF 表示逻辑关系。以清零端为例介绍如下。

① 异步清零端：

```
    ...
    IF   RST = '1'   THEN    OUTY <= "0000";
    ELSIF   CLK'EVENT   AND   CLK = '1'   THEN
    ...
```

② 同步清零端：

```
    ...
    IF   CLK'EVENT   AND   CLK = '1'   THEN
    IF   RST = '1'   THEN    OUTY <= "0000";
    ...
```

(3) 计数器加法累加表达式"OUTY <= OUTY+1;"中，表达式的赋值源部分出现了 OUTY，故其端口模式不使用单向端 OUT，而选择具有反馈功能的 BUFFER 模式。

(4) 进位的处理方法"COUT <= OUTY(0) AND OUTY(1) AND OUTY(2) AND OUTY(3);"，当指针对计数器计满值为"1111"时才有效。如果要实现其他计数范围的进位，则不可使用例 3-14 的方法。

3.3.2　知识点

1. 运算符重载

在使用操作符时要注意适用的数据类型，如加减操作只适用于整数。如果要对位矢量进行算术运算，则需要打开"STD_LOGIC_UNSIGNED"程序包。如：

```
    LIBRARY   IEEE;
    USE   IEEE.STD_LOGIC_UNSIGNED.ALL;
```

这个程序包中对算术运算符做了重新定义，使得位矢量也能进行算术运算。类似地，关系运算符中除了"="和"/="适用于所有数据类型外，其他的关系运算符对数据类型都有限制，在程序包"STD_LOGIC_UNSIGNED"中对关系运算符也做了重新定义，使得位矢量和整数也能进行关系运算。

2. BUFFER、INOUT 和 OUT 模式

(1) INOUT 为输入输出双向端口，即从端口内部看，可以对端口进行赋值，即输出数

据；也可以从此端口读入数据，即输入。

(2) BUFFER 为缓冲端口，功能与 INOUT 类似，区别在于当需要读入数据时，只允许内部回读内部产生的输出信号，即反馈。举个例子，设计一个计数器的时候可以将输出的计数信号定义为 BUFFER，这样回读输出信号可以做下一计数值的初始值。

(3) OUT 顾名思义是只能单向输出数据。

3. 元件例化语句

元件例化就是将事先设计好的实体定义为一个元件，然后用专门的语句定义一种连接关系，将此元件与当前设计实体中指定的端口相连接，从而为当前设计实体引入一个新的设计层次。这时，当前的设计实体相当于一个较大的电路系统，所定义的例化元件相当于这个系统中的一个芯片。元件例化是实现自上而下层次化设计的一种重要途径。

元件例化语句由两部分组成，前一部分将事先设计好的实体定义为一个元件，第二部分则是定义此元件与当前设计实体的连接关系。

定义元件语句的格式如下：

```
COMPONENT  元件名
GENERIC (类属表);
PORT (端口名表);
END COMPONENT  元件名;
```

定义元件例化语句的格式如下：

```
元件名  PORT MAP(
[端口名=>] 连接端口名, [端口名=>] 连接端口名, …);
```

【例 3-15】 首先完成一个 2 输入与非门的设计，然后在一个新的设计实体中调用这个元件，如图 3-5 所示。

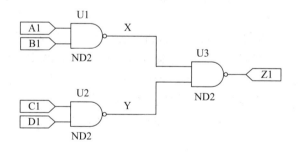

图 3-5 ORD41 原理图

程序 1：

```
LIBRARY IEEE;
USE IEEE.STD_LOGIC_1164.ALL;
ENTITY ND2 IS
    PORT(A, B: IN STD_LOGIC; C: OUT STD_LOGIC);
END ND2;
ARCHITECTURE ND2BEHV   OF ND2   IS
```

```
BEGIN
    C <= A NAND B;
END    ND2BEHV;
```

程序 2:

```
LIBRARY IEEE;
USE IEEE.STD_LOGIC_1164.ALL;
ENTITY ORD41 IS
    PORT(A1, B1, C1, D1: IN STD_LOGIC;
                    Z1: OUT STD_LOGIC);
END ORD41;
ARCHITECTURE ORD41BEHV OF ORD41    IS
    COMPONENT    ND2                        --定义元件
    PORT(A, B: IN STD_LOGIC; C: OUT STD_LOGIC);
    END    COMPONENT    ND2;
    SIGNAL X, Y: STD_LOGIC;
BEGIN
    U1: ND2 PORT MAP (A1, B1, X); --位置关联方式
    U2: ND2 PORT MAP (A => C1, C => Y, B => D1);        --名字关联
    U3: ND2 PORT MAP ( X, Y, C => Z1);                --混合关联方式
    END    ARCHITECTURE    ORD41BEHV;
```

注意: 程序 1、程序 2 这两个程序要分别进行编译和综合,并放在同一个目录下。

PORT MAP 是端口映射语句,用来说明例化元件与当前实体端口的连接关系。要表示这种连接关系有两种方式,一种是名字关联方式,一种是位置关联方式,这两种方式也可以混合使用。

在名字关联方式下,例化元件的端口名和当前实体的端口名之间用关联符 "=>" 连接,如例 3-15 中元件 U2 采用的方式,这时,端口名在 PORT MAP 中的位置是任意的。

在位置关联方式下,例化元件的端口名和关联符都可省去,只要列出当前系统中的端口名就可以了,但端口名的排列必须与例化元件端口定义中的端口名一一对应。如例 3-15 中元件 U1 采用的是位置关联方式,即 "PORT MAP (A1, B1, X)" 相当于 "PORT MAP(A=> A1; B=>B1; C=>X)"。

4. 生成语句

生成语句有一种复制作用,能用来在结构体中产生多个相同的结构或逻辑描述。生成语句有两种形式,一种是 FOR-GENERATE 形式,格式如下:

```
[标号]: FOR    循环变量    IN    取值范围    GENERATE
        生成语句
END    GENERATE [标号];
```

另一种是 IF-GENERATE 形式,格式如下:

```
[标号]: IF    条件    GENERATE
```

　　　　生成语句

　　　END　GENERATE [标号];

【例 3-16】　以下语句调用了 8 个 D 触发器 DFF，生成八 D 触发器。

```
...
COMPONENT DFF
PORT (X: IN STD_LOGIC;
      Y: OUT   STD_LOGIC);
END COMPONENT;
SIGNAL A, B: STD_LOGIC_VECTOR(0 TO 7);
G1: FOR I IN 0 TO 7 GENERATE
    U1: DFF PORT MAP(X => A(I), Y => B(I));
END GENERATE G1;
...
```

【例 3-17】　四位异步计数器的 VHDL 设计。

该电路的输入 CLK 为时钟端，输出 COUNT 为四位计数结果。电路在 CLK 上升沿的触发下进行加法计数。以下是四位异步计数器的 VHDL 程序，该程序使用元件例化和生成语句实现异步时钟结构。

　　(1) D 触发器(略，见例 3-10)。

　　(2) 四位异步计数器。

```
LIBRARY IEEE;
USE IEEE.STD_LOGIC_1164.ALL;
ENTITY yibujishu IS
    PORT(CLK:   IN STD_LOGIC;
      COUNT: OUT STD_LOGIC_VECTOR(3 DOWNTO 0));
        END ENTITY yibujishu;

ARCHITECTURE ART2 OF yibujishu IS
SIGNAL COUNT_IN_BAR:   STD_LOGIC_VECTOR(4 DOWNTO 0);
COMPONENT D_ff IS
    PORT(CP, D:   IN STD_LOGIC;
        Q, nq:   OUT STD_LOGIC);
END COMPONENT;
BEGIN
COUNT_IN_BAR(0) <= CLK;
GEN1: FOR I IN 0 TO 3 GENERATE
    U: D_ff PORT MAP (CP => COUNT_IN_BAR(I), D => COUNT_IN_BAR(I+1), Q =>
COUNT(I), nq => COUNT_IN_BAR(I+1));
    END GENERATE;
    END ARCHITECTURE ART2;
```

使用 RTL 视图辅助工具(Tools→Netlist Viewers→RTL Viewer)，可查看综合后的电路 RTL 结构，如图 3-6 所示。

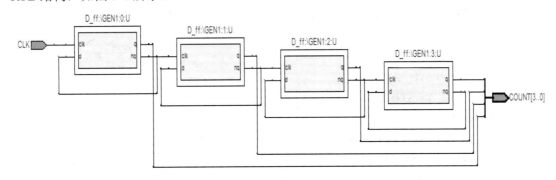

图 3-6　四位异步计数器 RTL 视图

3.3.3　相关知识

例 3-14 的另一种处理是使用 INTEGER 数据类型，其 VHDL 程序如下：

```
...
OUTY:    BUFFER   INTEGE   RANGE   0   TO   15;
    ...
  IF RST = '1' THEN     OUTY <= 0;
  ELSIF CLK'EVENT AND CLK = '1' THEN
    IF ENA = '1' THEN    OUTY <= OUTY+ 1;
    ELSE    OUTY <= 0;
    END IF;
  END IF;
 END   PROCESS   P_REG;
    ...
```

此时无需打开 STD _LOGIC_UNSIGNED 程序包。

整数类型的数代表正整数、负整数和零，只用来表示总线的状态，不能直接按位操作，也不能进行逻辑运算。

在使用整数时，要用 RANGE 子句定义取值范围，以便综合器决定表示此信号或变量的二进制数的位数。

整数常量书写方法如下：

```
2                     --十进制整数
7452109               --十进制整数
10E4                  --十进制整数
16#D2#                --十六进制整数
8#720#                --八进制整数
2#10010010#           --二进制整数
```

例如：

    SIGNAL NUM:　　INTEGER RANGE 0 TO 15;

定义一个整数型信号 NUM，取值范围是 0～15，可用 4 位二进制数表示，因此 NUM 将被综合成 4 条信号线构成的总线形式。

注意：如要给整数类型的信号赋值，则数据不需要加引号。

3.4　基于 LPM 的设计

LPM 是 Library of Parameterized Modules(参数可设置模块库)的缩写，这个库中包含了很多典型的电路模块，可以用图形或硬件描述语言的形式方便地调用，它们都是优秀电子技术人员的设计成果。作为 EDIF 标准的一部分，LPM 得到了 EDA 工具的良好支持。

LPM 中的功能模块内容丰富，可以根据实际的电路设计需要，选择其中的适当模块，并根据需要为其设定适当的参数，就能满足自己的设计需要。

下面通过一个例子来具体介绍在 Quartus Ⅱ中使用 LPM 的方法(有关 Quartus Ⅱ的详细介绍请参见附录 B 的相关内容)。

【例 3-18】　基于 LPM 的设计方法。

作为定制 LPM 的一个示例，以下介绍一种有许多重要用途的先进先出存储器(FIFO)的定制方法。

(1) 进入 Quartus Ⅱ，选择菜单 Tools→MegaWizard Plug-In Manager…，进入 LPM 元件定制界面，如图 3-7 所示。

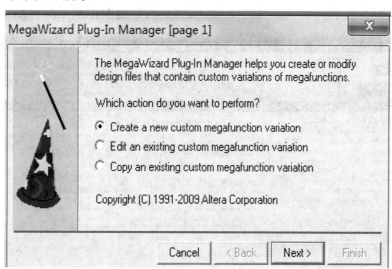

图 3-7　PLM 元件定制界面 1

(2) 在图 3-7 中勾选 "Create a new custom megafunction variation"，然后按 "Next" 按钮进入如图 3-8 所示的界面。

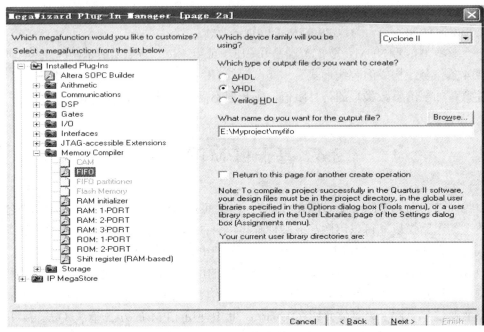

图 3-8　LPM 元件定制界面 2

在图 3-8 所示界面的左栏有三项选择：Arithmetic(算术运算模块)、Gates (组合门电路模块)、Storage(存储器模块)，选择 Storage 模块中的 LPM_FIFO，然后选择输出文件的类型为 VHDL，并在"Browse"按钮下的文本框中键入输出文件名"myfifo"及其存储路径，再按"Next"按钮进入下一界面(见图 3-9)。

(3) 在图 3-9 所示的界面中选择 FIFO 的数据线宽度为 8 位，深度为 16，即此 FIFO 能存储 8 位二进制数共 16 个，然后按"Next"按钮进入如图 3-10 所示的界面。

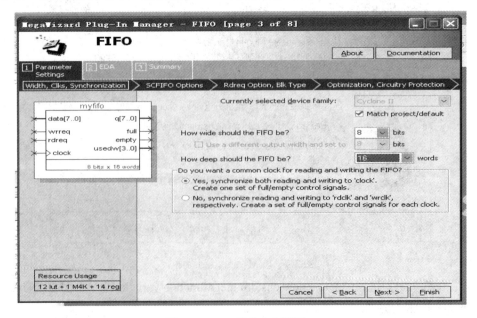

图 3-9　LPM 元件定制界面 3

(4) 在图 3-10 所示的界面中，除了时钟信号 clock、数据输入端口 data[7..0]、输出端口 q[7..0]、写入请求信号 wrreq 和读出请求信号 rdreq 等必需的端口外，再设置一个数据溢出信号 full 和异步清零信号 aclr。

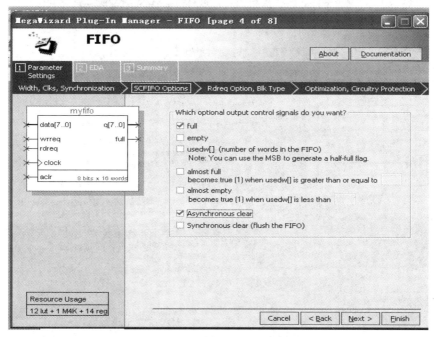

图 3-10　LPM 元件定制界面 4

(5) 在接下来的如图 3-11 所示的界面中选择数据输出方式：在读出信号有效后数据输出(Legacy synchronous…)。

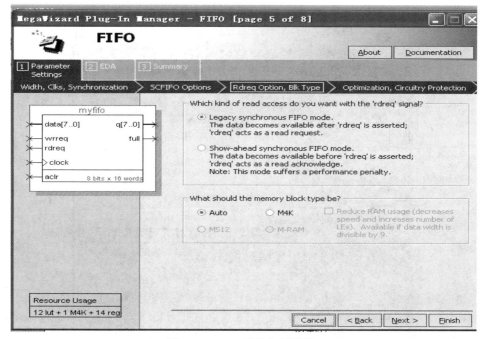

图 3-11　LPM 元件定制界面 5

(6) 接着，在图 3-12 所示的界面中选择 Area(面积)优化方式，即要求综合器和适配器更有效地利用目标器件的逻辑资源而忽略速度的约束。

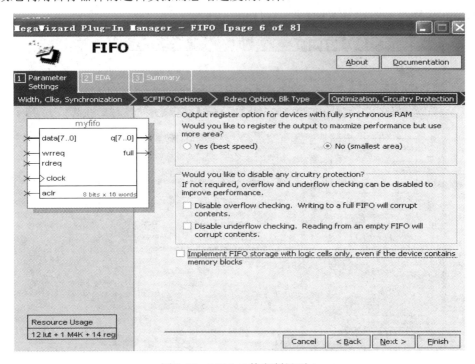

图 3-12　LPM 元件定制界面 6

(7) 下一步，单击图 3-13 中的 "Finish" 按钮，即完成了 myfifo.vhd 的定制，该文件被存入 "E:\Myproject\" 中(见图 3-14)。

图 3-13　LPM 元件定制界面 7

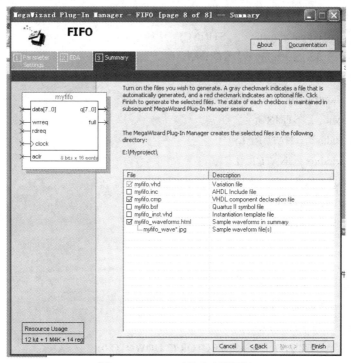

图 3-14　LPM 元件定制界面 8

我们可以在目录 "E: \ Myproject" 中找到定制好的文件，程序如下：

```
LIBRARY IEEE;

USE IEEE.STD_LOGIC_1164.ALL;

LIBRARY ALTERA_MF;

USE ALTERA_MF.ALL;

ENTITY myfifo IS

    PORT

    (

        aclr: IN STD_LOGIC;

        clock : IN STD_LOGIC;

        data: IN STD_LOGIC_VECTOR (7 DOWNTO 0);

        rdreq: IN STD_LOGIC;

        wrreq : IN STD_LOGIC;

        full: OUT STD_LOGIC;

        q: OUT STD_LOGIC_VECTOR(7 DOWNTO 0)

    );

END myfifo;

ARCHITECTURE SYN OF myfifo IS

    SIGNAL sub_wire0 : STD_LOGIC_VECTOR (7 DOWNTO 0);

    SIGNAL sub_wire1 : STD_LOGIC;

COMPONENT scfifo
```

```
GENERIC (
    add_ram_output_register :      STRING;
    intended_device_family :      STRING;
    lpm_numwords :    NATURAL;
    lpm_showahead :    STRING;
    lpm_type :    STRING;
    lpm_width :    NATURAL;
    lpm_widthu :    NATURAL;
    overflow_checking :    STRING;
    underflow_checking :      STRING;
    use_eab :    STRING
);
PORT (
    rdreq:      IN STD_LOGIC;
    aclr:      IN STD_LOGIC;
    clock:      IN STD_LOGIC;
    q:        OUT STD_LOGIC_VECTOR (7 DOWNTO 0);
    wrreq:      IN STD_LOGIC;
    data:      IN STD_LOGIC_VECTOR (7 DOWNTO 0);
    full:      OUT STD_LOGIC
);
END COMPONENT;
BEGIN
    q <= sub_wire0(7 DOWNTO 0);
    full <= sub_wire1;
scfifo_component : scfifo
GENERIC MAP (
        add_ram_output_register => "OFF",
        intended_device_family => "Cyclone II",
        lpm_numwords => 16,              --数据深度 16
        lpm_showahead => "OFF",          --关闭先行数据输出开关
        lpm_type => "scfifo",
        lpm_width => 8,                  --数据宽度 8 位
        lpm_widthu => 4,                 --地址线宽度 4 位
        overflow_checking => "ON",
        underflow_checking => "ON",
        use_eab => "ON"
        )
PORT MAP(
```

```
                rdreq => rdreq,
                aclr => aclr,
                clock => clock,
                wrreq => wrreq,
                data => data,
                q => sub_wire0,
                full => sub_wire1
                );
    END SYN;
```

在使用这个定制好的文件之前，还应该对其进行仿真测试，从仿真波形上详细了解它的工作特性。如图 3-15 所示是其仿真波形。

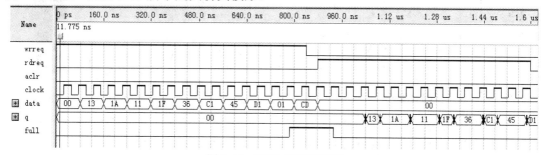

图 3-15　FIFO 仿真波形图

从波形中可以看出，当写入信号 wrreq 为高电平时，在 clock 的每一个上升沿将 data 上的数据写入 FIFO 中；而当 rdreq 为高电平，同时 wrreq 为低电平时，clock 的每一个上升沿将数据按先进先出的顺序从 q 输出。可见，元件 myfifo 的工作时序满足要求。

3.5　习　　题

一、简答题

1. 简述进程语句的概念和用法。
2. 比较 CASE 语句和 WITH-SELECT 语句的异同点。
3. 时钟信号 CLK 是怎样用 VHDL 描述的？
4. 异步复位/置位信号是怎样用 VHDL 描述的？
5. 将以下程序转换为 WHEN-ELSE 语句：

```
    PROCESS(A, B, C, D)
    BEGIN
    IF   A = '0' AND B = '1'   THEN
         NEXT1 <= "1101" ;
    ELSIF   B = '1'   THEN
         NEXT1 <= C;
    ELSE
```

```
          NEXT1 <= "1011";
      END   IF;
      END   PROCESS;
```

二、设计题

1. 按要求用 VHDL 设计共阴极七段数码管显示译码器(见图 3-16 和图 3-17)。

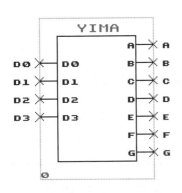

图 3-16　显示译码器符号图

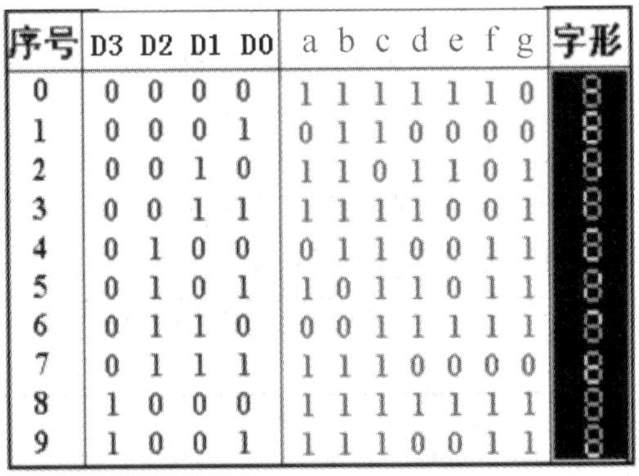

序号	D3	D2	D1	D0	a	b	c	d	e	f	g	字形
0	0	0	0	0	1	1	1	1	1	1	0	8
1	0	0	0	1	0	1	1	0	0	0	0	8
2	0	0	1	0	1	1	0	1	1	0	1	8
3	0	0	1	1	1	1	1	1	0	0	1	8
4	0	1	0	0	0	1	1	0	0	1	1	8
5	0	1	0	1	1	0	1	1	0	1	1	8
6	0	1	1	0	0	0	1	1	1	1	1	8
7	0	1	1	1	1	1	1	0	0	0	0	8
8	1	0	0	0	1	1	1	1	1	1	1	8
9	1	0	0	1	1	1	1	0	0	1	1	8

图 3-17　显示译码器真值表

2. 试分别用 WITH-SELECT 语句和 WHEN-ELSE 语句描述 4 选 1 多路选择器。实体端口如图 3-18 所示，通过选择控制信号 S，在 A、B、C、D 四个输入中选择一个输出至 Q 端。

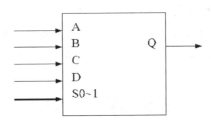

图 3-18　实体端口

3. 用 VHDL 设计一个 8-3 优先编码器，其真值表如表 3-4 所示。

表 3-4　8-3 优先编码器真值表

输　入　码								编码输出		
din7	din6	din5	din4	din3	din2	din1	din0	coder		
0	×	×	×	×	×	×	×	0	0	0
1	0	×	×	×	×	×	×	0	0	1
1	1	0	×	×	×	×	×	0	1	0
1	1	1	0	×	×	×	×	0	1	1
1	1	1	1	0	×	×	×	1	0	0
1	1	1	1	1	0	×	×	1	0	1
1	1	1	1	1	1	0	×	1	1	0
1	1	1	1	1	1	1	0	1	1	1

4. 用 VHDL 设计集成电路 74LS112，其真值表如表 3-5 所示。

表 3-5　74LS112 的真值表

输　　　入					输　　　出	
预置	清除	时钟	J	K		
$\overline{PRE}$	$\overline{CLR}$	CLK			Q	$\overline{Q}$
L	H	×	×	×	H	L
H	L	×	×	×	L	H
L	L	×	×	×	H*	H*
H	H	↓	L	L	Q_0	$\overline{Q_0}$
H	H	↓	H	L	H	L
H	H	↓	L	H	L	H
H	H	↓	H	H	翻　　转	
H	H	H	×	×	Q_0	$\overline{Q_0}$

5. 用 VHDL 设计一个带同步清零的十进制计数器。

6. 设计一个 8 位右移寄存器。如图 3-19 所示，DIN 是 8 位并行数据输入端，CLK 是移位时钟信号，LOAD 是并行数据加载信号，QB 是串行输出端口。当 LOAD = '1' 时，DIN 的数据存入寄存器；当 LOAD = '0' 时，DIN 输入的 8 位数据在时钟信号 CLK 的控制下，依次从 QB 右移输出。

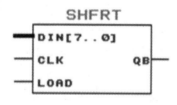

图 3-19　8 位右移寄存器

第 4 章　VHDL 设计进阶

上一章中对若干个典型数字电路的 VHDL 表述中涉及的语句语法等做了详尽的说明和解释，但仍然留有较多的问题等待深入探讨。

本章将进一步学习 VHDL 的相关知识，并对 VHDL 语句进行归纳整理。通过本章的学习，使读者进一步了解 VHDL 设计的内在规律，以便更好地掌握数字系统设计技术。

4.1　学习 VHDL 的基本语句

顺序语句(Sequential Statements)和并行语句(Concurrent Statements)是 VHDL 程序设计中的两类基本语句。在数字系统的设计中，这些语句能从不同的侧面完整地描述数字系统的硬件结构和逻辑功能。

4.1.1　顺序语句

顺序语句是相对于并行语句而言的，顺序语句的特点：每一条顺序语句的执行顺序与语句的书写顺序有关，即语句的先后顺序有因果关系，这一点和传统的软件编程语言是十分相似的。这里的顺序是从仿真软件的运行或顺应 VHDL 语法的编程思路而言的，相应的硬件逻辑工作方式未必如此。

顺序语句通常用来描述各种逻辑功能，即算法的实现。

顺序语句只能在进程(Process)和子程序(函数和过程)中使用。

VHDL 有六种顺序语句：赋值语句、流程控制语句、等待语句、子程序调用语句、返回语句、空操作语句。

1. 赋值语句

【例 4-1】 用 VHDL 设计一个按键控制八个发光二极管，键按下时，间隔点亮；键松开时，都不亮。程序代码如下：

```
LIBRARY  IEEE;
USE  IEEE.STD_LOGIC_1164.ALL;
ENTITY  AA  IS
    PORT ( X:   IN   STD_LOGIC;
           Y:   OUT   STD_LOGIC_VECTOR(7 DOWNTO 0));
END  ENTITY  AA;
ARCHITECTURE  ONE  OF  AA  IS
BEGIN              --以下是并行条件赋值语句，不要 PROCESS
```

```
        Y <= "10101010"    WHEN    X = '1'   ELSE
             " 00000000 "    WHEN    X = '0'   ELSE
             "11111111 ";
    END    ARCHITECTURE   ONE;
```

赋值语句的功能就是将一个值或一个表达式的结果传递给某一数据对象，如信号或变量。VHDL 设计实体内的数据传递以及对外部数据的读写都是通过赋值语句来实现的。

赋值语句有两种，即信号赋值语句和变量赋值语句。每一种赋值语句都由三个基本部分组成，即赋值目标、赋值符号和赋值源。赋值目标是所赋值的受体，它可以是信号或变量；赋值符号只有两种，信号赋值符是"<="；变量赋值符是"：="；赋值源是赋值的主体，它可以是一个数值，也可以是一个逻辑或运算表达式。VHDL 规定，赋值目标和赋值源的数据类型必须一致。

1) 变量赋值与信号赋值

变量赋值语句及信号赋值语句的格式如下：

　　　　变量赋值目标 := 赋值源；

　　　　信号赋值目标 <= 赋值源；

例如：

```
    …
    VARIABLE a, b: STD_LOGIC;
    SIGNAL c1: STD_LOGIC_VECTOR(1 TO 4);
    …
    a := '1';                    --变量赋值
    b := '0';                    --变量赋值
    c1 <= "1010";                --信号赋值
```

变量赋值与信号赋值的区别在于，变量是一个局部的、暂时性的数据对象，它的有效性只局限于一个进程或一个子程序中，对它的赋值是立即有效的；信号具有全局特征，它不但可以作为一个设计实体内部各部分之间数据传送的载体，而且可通过信号与其他的实体进行通信(端口在本质上也是一种信号)，对信号的赋值不是立即发生的，而是在进程结束时进行的。

赋值语句的格式虽然简单，但深入理解和准确把握变量赋值和信号赋值的特点以及它们功能上的异同点，对准确地设计电路是十分重要的。一般地说，从硬件电路的角度来看，信号和变量往往没有什么区别，它们都可以对应于某种硬件结构，如一根传输导线或一个触发器等，但从功能上看，信号和变量也有明显的区别，主要表现在接受和保持信息的方式和作用区域的大小上。例如，信号可以设置传输延迟量，变量则不能；变量只能作为局部的信息载体，只能在进程中定义和使用，而信号则可以作为电路模块间的信息载体，在各个进程间传递信息。变量往往只是一种过渡，最后的信息传输和模块间的通信都要靠信号来完成。

以下两个例子具体地说明了信号赋值与变量赋值的区别。

【例 4-2】　信号赋值示例。

```
    library ieee;
```

```
use ieee.std_logic_1164.all;
entity dff1 is
port(clk, d1:    in std_logic;
          q:    out std_logic);
end dff1;

architecture bhv of dff1 is
signal a, b: std_logic;              --在结构体中定义 2 个信号 a 和 b
begin
process(clk)
begin
if rising_edge(clk) then             --rising_edge( )是上升沿检测语句
a <= d1;
b <= a;
q <= b;
end if;
end process;
end bhv;
```

【例 4-3】 变量赋值示例。

```
library ieee;
use ieee.std_logic_1164.all;

entity dff2 is
port(clk, d1:    in std_logic;
          q:    out std_logic);
end dff2;

architecture bhv of dff2 is
begin
process(clk)
variable a, b: std_logic; --在进程中定义 2 个变量 a 和 b
begin
if rising_edge(clk) then
a := d1;
b := a;
q <= b;
end if;
end process;
end bhv;
```

比较例 4-2 和例 4-3，可以看出它们唯一的区别是对进程(process)中的 a 和 b 做了不同的定义，前者定义为信号而后者定义为变量。然而，它们综合的结果却有很大的不同，前者的电路图是图 4-1，而后者的电路图是图 4-2。

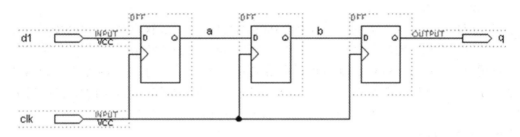

图 4-1　例 4-2 的电路

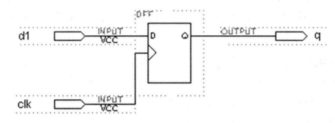

图 4-2　例 4-3 的电路

在例 4-2 中，由于信号赋值语句在进程中是同时进行的，而信号的传递总是具有某种延时的，因此，当 clk 信号的上升沿到来时，语句 "a <= d1" 中的 a 和语句 "b <= a" 中的 a 并非同一时刻的值，同样地，语句 "b <= a" 中的 b 和语句 "q <= b" 中的 b 也不是同一时刻的值。

在实际运行中，a 获得的值是时钟信号(clk)上升沿到来时 d1 的值；b 获得的值是时钟信号上升沿到来时 a(更新前)的值；q 则是时钟信号上升沿到来时 b(更新前)的值。因此，此程序综合的结果只能是图 4-1 所示的电路。

例 4-3 就不同了，由于 a 和 b 是变量，对它们的赋值是立即有效的，此时变量 a 和 b 只是起了传递数据的功能，q 将时钟信号上升沿到来时 d1 的值，因此，此程序综合的结果是图 4-2 所示的电路。

信号赋值和变量赋值的区别：

(1) 变量是局部、暂时性数据对象，它的有效性只局限于一个进程或一个子程序中，在进程内部定义；信号具有全局特征，在进程的外部定义。

(2) 变量的赋值是立即发生的；信号的赋值并不是立即发生的，而是在进程结束时进行的，同一进程中，同一信号赋值目标有多个赋值源时，信号赋值目标获得的是最后一个赋值源的赋值。

2) 省略赋值(OTHERS=>X)

在位数较多的矢量赋值中，为了简化表达可以使用短语 "(OTHERS=>X)" 作省略化的赋值，如以下语句：

...

SIGNAL　A1:　　STD_LOGIC_VECTOR(4 DOWNTO 0);

```
VARIABLE    B1:      STD_LOGIC_VECTOR(7 DOWNTO 0);
...
A1 <= (OTHERS => '0');
B1:= (OTHERS => '1');
```

以上两条语句等同于 A1 <= "00000"、B1 :="11111111"，其优点是在给位数较多的矢量赋值时简化了表述，明确了含义，而且这种表述与位矢量的长度无关。

利用"(OTHERS=>X)"短语还可以在给位矢量的某些位赋值之后再用 OTHERS 给剩余的位赋值，如 A1 <= (1 => '1', 4 => '1', OTHERS => '0')，此赋值语句的含义是给矢量 A1 的第 1 位和第 4 位赋值为 1，而其余位赋值为 0，即 A1 <= "10010"。

2. 流程控制语句

流程控制语句是通过设置条件和判断条件是否成立来控制语句的执行的。这类语句共有五种：IF 语句、CASE 语句、LOOP 语句、NEXT 语句、EXIT 语句。

1) IF 语句

IF 语句是 VHDL 中最重要的语句结构之一，它根据语句中设置的一种或多种条件，有选择地执行指定的顺序语句。IF 语句的基本结构有以下四种：

```
(1)  IF 条件句 THEN        --第一种 IF 语句结构
        顺序语句；
     END IF;
(2)  IF 条件句 THEN        --第二种 IF 语句结构
        顺序语句；
     ELSE
        顺序语句；
     END IF;
(3)  IF 条件句 THEN        --第三种 IF 语句结构
     IF 条件句 THEN
        顺序语句；
     END IF;
     END IF;
(4)  IF 条件句 THEN        --第四种 IF 语句结构
        顺序语句；
     ELSIF 条件句 THEN
        顺序语句；
     END IF;
```

IF 语句中至少要有一个条件句，条件句必须是一个 BOOLEAN 类型的表达式，即结果只能是 TRUE 或 FALSE。

如：

```
IF  A   THEN ...
IF (A and B) THEN ...
```

这里的 A 和 B 都是布尔类型的标识符，IF 语句根据条件句的结果，选择执行其后的顺序语句。

下面简要介绍这四种类型的 IF 语句。

(1) 第一种结构是最简单的 IF 语句结构。执行此句时，首先判断条件句的结果，若结果为 TRUE，则执行关键词"THEN"和"END IF"之间的顺序语句；若条件为 FALSE，则不执行，直接结束 IF 语句。这是一种非完整性的条件语句，通常用于产生时序电路。例如：

```
IF (a>b) THEN
    Output <= '1';
END   IF;
```

当条件句(a>b)成立时，向信号 Output 赋值 1；不成立时，则直接结束 IF 语句，此信号维持原值。由于信号 Output 的值可以保持，即有记忆功能，因此这种语句通常用于产生时序电路。

(2) 第二种 IF 语句结构可以实现条件分支功能，就是通过测定条件句的真假来决定执行哪一组顺序语句。和第一种结构相比，当条件为 FALSE 时，它并不结束 IF 语句的执行，而是转去执行 ELSE 后面的另一组顺序语句。这是一种完整性的条件语句，它给出了所有可能下的执行情况，通常用于产生组合电路。例如：

```
IF   SEL   THEN
    Output<=A;
ELSE
    Output<=B;
END   IF;
```

当 SEL 的值为 TRUE 时，将 A 的值赋给信号 Output；当 SEL 的值为 FALSE 时，则将 B 的值赋给 Output。

(3) 第三种 IF 语句是一种多重 IF 语句的嵌套结构，可以产生比较丰富的条件描述，既可以产生时序电路，也可以产生组合电路，或是两者的混合。在使用这种结构时应注意，END IF 结束句应该与 IF 条件句的数量一致，即有一个 IF 就要有一个 END IF。

【例 4-4】　BCD 计数器。

```
library ieee;
use ieee.std_logic_1164.all;
use ieee.std_logic_unsigned.all;

entity cnt10 is
port(clk : in    std_logic;
     cout : out   std_logic_vector(3 downto 0));
end cnt10;
architecture   behav   of   cnt10   is
signal   tmp : std_logic_vector(3 downto 0);
begin
```

```
process(clk)
begin
if   rising_edge(clk)   then
if   (tmp = "1001")   then
    tmp <= '0000';
    else
    tmp <= tmp +1;
end if;
end if;
    cout <= tmp;
end process;
end behav;
```

例 4-4 利用多重 IF 语句的嵌套结构实现了 BCD 计数功能，当计数值为"1001"(9)时，就将计数值清零。

(4) 第四种 IF 语句结构也可以实现不同类型的电路，该语句通过关键词 ELSIF 设定多个条件，使顺序语句的执行分支可以超过两个。这种语句结构有一个重要特点，就是语句中各个分支中的顺序语句的执行条件具有向上相与的特点。例如：

```
SIGNAL a, b, c, p1, p2, z:     BIT;
…
IF (p1 = '1' ) THEN
z <= a;                         -- 此语句的执行条件是(p1 = '1' )
ELSIF (p2 = '0' ) THEN
z <= b;                         -- 此语句的执行条件是(p1 = '0' ) and (p2 = '0' )
ELSE
z <= c;                         -- 此语句的执行条件是(p1 = '0' ) and (p2 = '1' )
END IF;
```

此例中的 IF 语句通过 ELSIF 语句设置了多个条件，显然，只有当第一个条件(p1 = '1')不成立时才会去判断第二个条件；只有当两个条件(p1 = '1')和(p2 = '0')都不成立时才会执行第三条赋值语句(z<=c)。

2) CASE 语句

CASE 语句的格式如下：

```
CASE  表达式  IS
WHEN  选择值  =>  顺序语句;
WHEN  选择值  =>  顺序语句;
    …
    END CASE；
```

CASE 语句的详细介绍请参见本书 3.1.2 小节。

CASE 语句和 IF 语句也可以混合使用，例 4-5 是一个算术逻辑单元的 VHDL 描述，它在 OPCODE 信号的控制下分别完成加、减、相等或不相等比较等操作，程序在 CASE 语句中混合使用了 IF 语句。

【例 4-5】　算术逻辑单元。

```
LIBRARY IEEE;
USE   IEEE.STD_LOGIC_1164.ALL;
USE   IEEE.STD_LOGIC_UNSIGNED.ALL;
ENTITY   ALU   IS
PORT(A, B: IN   STD_LOGIC_VECTOR(7 DOWNTO 0);
       OPCODE: IN STD_LOGIC_VECTOR(1 DOWNTO 0);
       RESULT: OUT STD_LOGIC_VECTOR(7 DOWNTO 0));
END   ALU;
ARCHITECTURE   BEHAV   OF   ALU   IS
   CONSTANT PLUS: STD_LOGIC_VECTOR(1 DOWNTO 0) := B"00";
   CONSTANT MINUS: STD_LOGIC_VECTOR(1 DOWNTO 0) := B"01";
   CONSTANT EQUAL: STD_LOGIC_VECTOR(1 DOWNTO 0) := B"10";
   CONSTANT NOTEQ: STD_LOGIC_VECTOR(1 DOWNTO 0) := B"11";
   BEGIN
   PROCESS(OPCODE，A，B)
BEGIN
CASE   OPCODE   IS
WHEN   PLUS => RESULT <= A+B;
WHEN   MINUS => RESULT <= A-B;
WHEN   EQUAL =>
IF(A=B) THEN   RESULT<=X "01";
   ELSE   RESULT<=X"00";
END   IF;                    --在 CASE 语句中使用 IF 语句
WHEN   NOTEQ =>
IF(A/= B) THEN   RESULT <= X "01";
   ELSE   RESULT<=X "00";
END   IF;
WHEN OTHERS => NULL;
END   CASE;
END   PROCESS;
END   BEHAV;
```

3) LOOP 语句

LOOP 语句就是循环语句，它可以使一组顺序语句循环执行，执行次数由设定的循环变量决定。其语法格式如下：

[标号:] FOR 循环变量　IN 循环次数范围　LOOP

　　顺序语句

END LOOP [标号],

FOR 后面的循环变量是一个临时变量，属 LOOP 语句的局部变量，不必事先定义。使用时应注意，在 LOOP 语句范围内不要再使用与循环变量同名的标识符。

循环变量从循环次数范围的初值开始，每执行一次顺序语句后自动加 1，直到循环次数范围指定的最大值。

【例 4-6】 8 位奇偶校验电路。

```
LIBRARY IEEE;
USE IEEE.STD_LOGIC_1164.ALL;
ENTITY check IS
PORT(a:   IN STD_LOGIC_VECTOR(0 TO 7);
        y :   OUT STD_LOGIC);
END check;

ARCHITECTURE opt OF check IS
BEGIN
PROCESS(a)
Variable tmp :STD_LOGIC;
BEGIN
tmp:='0';                        -- 设置初始值
FOR n IN 0 TO 7 LOOP
tmp:=tmp XOR a(n);               -- 异或 '1' 相当于取反，异或 '0' 不变
END LOOP;
y<=tmp;
END PROCESS;
END opt;
```

例 4-6 利用异或运算的特点来检测 1 的个数，首先定义一个变量 tmp，并将它的初始值设为 0。若此变量与 0 作异或运算则保持不变，仍为 0；若与 1 作异或运算则相当于取反，异或一次 1 结果为 1，异或两次 1 则结果为 0，以此类推。显然，若 1 的个数为奇数则结果为 1，若 1 的个数为偶数则结果为 0。

利用 LOOP 语句还可以简化同类顺序语句的表达方式，即

```
SIGNAL a, b, c: STD_LOGIC_VECTOR(1 TO 3);
…
FOR   n   IN   1 TO 3   LOOP
a(n) <= b(n) and c(n);
END LOOP;
```

此段程序等效于顺序执行以下三个信号赋值操作：

```
a(1) <= b(1) and c(1);
a(2) <= b(2) and c(2);
```

```
    a(3) <= b(3) and c(3);
```
在循环语句中还可以使用 NEXT 和 EXIT 语句，对循环进行控制。

4）NEXT 和 EXIT 语句

下列语句是比较两个 4 位矢量，当发现 a 与 b 不同时，就跳出循环并报告比较结果。

```
    SIGNAL a, b :   STD_LOGIC_VECTOR(3 DOWNTO 0);
    SIGNAL ab :    BOOLEAN;                        --信号 'ab' 表示比较结果
    ...
    ab <= FALSE;                                   --设初始值
    FOR i IN 3 DOWNTO 0 LOOP
    IF (a(i) = '1' AND b(i) = '0' ) THEN
    ab <= FALSE;                                   -- a > b
    EXIT;
    ELSIF (a(i) = '0' AND b(i) = '1') THEN
    ab <= TRUE;                                    -- a < b
    EXIT;
    ELSE NULL;
    END IF;
    END LOOP;
```
NEXT 和 EXIT 语句主要用在 LOOP 语句内进行有条件的或无条件的转向控制。例如：
```
    ...
    FOR cnt IN 1 TO 8 LOOP
    A(cnt):= '0';
    NEXT WHEN (b=c);              --(b=c)成立时，转到循环起点，cnt 加 1，开始下一次循环。
    a (cnt+8) := '0';
    END LOOP;
```
EXIT 语句和 NEXT 语句很相似，所不同的是 EXIT 是转向循环的结束处，即跳出循环。

3. 等待语句

WAIT 语句主要有以下两种形式：

　　WAIT　ON　信号表；

　　WAIT　UNTIL　条件表达式；

详见本书 3.2.3 小节。

4. 子程序调用语句

　　和其他软件编程语言一样，VHDL 也可以使用子程序(Subprogram)，应用子程序的目的是更有效地完成重复性的工作。VHDL 的子程序有过程(Procedure)和函数(Function)两种形式，它们可以在 VHDL 程序的 3 个不同位置进行定义，即可以在程序包、结构体或进程中定义，只有在程序包中定义的子程序可以被其他设计调用。对子程序的调用可以有两种语句方式，即顺序语句方式和并行语句方式。

过程和函数都是利用顺序语句来定义和完成算法的，即只能使用顺序语句。在函数中所有的参数都是输入参数，而过程有输入参数、输出参数和双向参数；函数总是只有一个返回值，而过程可以提供多个返回值，或没有返回值。在调用子程序时，函数通常作为表达式的一部分，常在赋值语句或表达式中使用，而过程往往单独存在，其行为类似于进程。

在实际应用中必须注意，每一次调用子程序都会产生相同结构的电路模块，即每调用一次子程序就意味着增加了一个硬件电路模块，这和软件中调用子程序有很大的不同。因此，在使用中要密切关注子程序的调用次数。

1) 过程(Procedure)

定义过程的语句格式如下：

  PROCEDURE　过程名(参数表)　　　--过程首

  PROCEDURE　过程名(参数表)　IS --过程体

   [说明部分]

    BEGIN

     顺序语句；

  END　PROCEDURE　过程名；

过程语句由过程首和过程体两部分组成，其中过程首不是必需的，过程体可以独立存在和使用。在进程或结构体中定义过程时不必定义过程首，而在程序包中必须定义过程首。

在参数表中可以对常数、变量和信号这三类数据对象进行说明，并用关键词 IN、OUT 和 INOUT 定义这些参数的模式，即信息的流向，默认的模式是 IN。

过程体是由顺序语句组成的，过程的调用即启动了过程体的顺序语句的执行。过程体中的说明部分是局部的，即其中的各种定义只适用于过程体内部。

【例 4-7】 使用过程定义，完成 RS 触发器的功能。

  PROCEDURE rs(SIGNAL R, S:　IN STD_LOGIC;

  SIGNAL Q, NQ:　　INOUT STD_LOGIC)IS

  BEGIN

  IF(R = '0'　AND　S = '0') THEN

  REPORT " Forbidden state:　s and r are both equal to '0' ";

  RETURN;　　　　　　　--返回语句将无条件结束过程的执行

  ELSE

  Q <= S nand NQ　AFTER 5 ns;

  NQ <= R nand Q　AFTER 5 ns;

  END IF;

  END PROCEDURE rs;

例 4-7 中，当 R 和 S 同时为 0 时，RETURN 语句将结束过程的执行，无条件跳转至 END 处。注意程序中的时间延迟语句和 REPORT 语句是不可综合的。

调用过程的语句格式如下：

  过程名　[([形参名=>]实参表达式，

    [形参名=>]实参表达式，…)]；

其中，形参名是指在过程参数表中已说明的参数名，实参是调用过程的程序中形参的接受体。形参与实参的对应关系有名字关联法和位置关联法两种表达方式，采用位置关联法时可以省去形参名和关联符。

【例 4-8】　在进程中定义过程并立即调用。

```
PACKAGE   DATA_TYPES   IS                    --定义程序包
SUBTYPE   MY_TYPE   IS   INTEGER   RANGE 0 TO 15;
--定义子类型 MY_TYPE 为取值范围 0~15 的整数
TYPE   MY_ARRAY   IS   ARRAY(1 TO 3)   OF   MY_TYPE;
--定义包含三个元素的数组 MY_ARRAY，元素的类型为 MY_TYPE
END   DATA_TYPES;
USE   WORK. DATA_TYPES.ALL;
--打开以上建立在当前工作库的程序包 DATA_TYPES
ENTITY   SORT   IS
    PORT(IN_ARRAY:    IN   MY_ARRAY;
         OUT_ARRAY:    OUT   MY_ARRAY);
END   SORT;
ARCHITECTURE   EXMP   OF   SORT   IS
BEGIN
PROCESS (IN_ARRAY)                  --进程开始，设 IN_ARRAY 为敏感信号
    PROCEDURE   SWAP (DATA:    INOUT   MY_ARRAY;
                      LOW, HIGH:    IN   INTEGER)   IS
    --定义过程 SWAP 的形参名为 DATA、LOW、HIGH
    VARIABLE   TEMP:    MY_TYPE;            --定义过程 SWAP 中的变量
    BEGIN                                  --开始描述过程的逻辑功能
    IF (DATA (LOW) > DATA (HIGH) )    THEN
        TEMP := DATA (LOW);
        DATA (LOW) := DATA (HIGH);
        DATA (HIGH) := TEMP;
    END   IF;
    END   SWAP;    --过程定义结束
VARIABLE   DATA_ARRAY:    MY_ARRAY;           --定义进程中的变量
BEGIN
    DATA_ARRAY := IN_ARRAY;
    SWAP (DATA => DATA_ARRAY, LOW => 1, HIGH => 2);
    --调用过程 SWAP，DATA_ARRAY、1、2 是对应于 DATA、LOW、HIGH 的
    --实参，将 DATA_ARRAY 中的第 1、第 2 元素进行比较和交换
    SWAP (DATA_ARRAY, 2, 3);                 --位置关联法调用，第 2、第 3 元素比较
    SWAP (DATA_ARRAY, 1, 2);                 --位置关联法调用，第 1、第 2 元素再次比较
    OUT_ARRAY <= DATA_ARRAY;
```

```
    END   PROCESS;
    END   EXMP;
```

例 4-8 是一个完整的程序，它先在自定义的程序包中定义了一个整数类型的子类型 MY_TYPE 和一个数组类型 MY_ARRAY，然后在进程中定义了一个名为 SWAP 的局部过程(没有放在程序包中的过程)。这个过程的功能是对一个数组中的两个元素进行比较，如果发现这两个元素的排序不符合要求，就进行交换。连续三次调用这个过程，就能将一个三元素的数组元素从小到大排列好。

此例中实体元件(SORT)输入输出端的数据类型都是 MY_ARRAY，由于 MY_ARRAY 是包含三个元素的数组，每个元素的类型都是 MY_TYPE，而 MY_TYPE 是取值范围 0~15 的整数，对应于硬件电路的 4 根线，因此该元件的输入输出各有 12 个引脚。该电路的功能是将输入的三个四位二进制数排序后输出。

2) 函数(Function)

VHDL 中有多种函数形式，如各种标准程序包中的预定义函数、转换函数、决断函数等。定义函数的语句格式如下：

```
    FUNCTION  函数名(参数表) RETURN  数据类型     --函数首
    FUNCTION  函数名(参数表) RETURN  数据类型   IS      --函数体
        [说明部分]
    BEGIN
        顺序语句;
    END   FUNCTION  函数名;
```

与过程定义类似，定义函数也是由函数首和函数体两部分构成的，在进程或结构体中不必定义函数首，而在程序包中必须定义函数首。函数的参数只能是输入值，可以是信号或常数，如没有说明，则参数被默认为常数。

函数调用与过程调用是相似的，不同之处是，过程往往没有返回值，而函数必须返回一个指定数据类型的值。

每个函数体中至少应包含一个返回(RETURN)语句，也可以有多个返回语句，但在函数调用时，只有一个返回语句可以将值带出。

【例 4-9】 下面是函数定义的例子。

```
    FUNCTION   opt (a, b, sel: BIT)  RETURN  BIT  IS
    BEGIN
    IF (sel = '1') THEN
    RETURN(a AND b);
    ELSE
    RETURN(a OR b);
    END IF;
    END FUNCTION opt;
```

例 4-9 中的函数返回值由参数 sel 决定，当 sel 为高电平时返回"a AND b"的值；为低电平时则返回"a OR b"的值。其对应的电路图如图 4-3 所示。

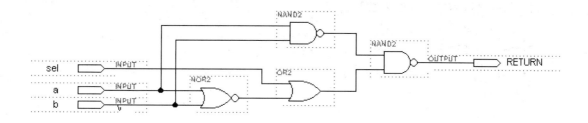

图 4-3　函数 opt 对应的电路图

函数调用和过程调用是类似的，区别在于过程往往单独使用，其行为类似于进程；函数调用时通常作为表达式的一部分，常在赋值语句或表达式中使用。

【例 4-10】　在结构体中定义函数并调用函数。

```
LIBRARY IEEE;
USE   IEEE.STD_LOGIC_1164.ALL;
ENTITY  FUNC  IS
PORT (A:    IN   STD_LOGIC_VECTOR (0 TO 2);
         M:    OUT   STD_LOGIC_VECTOR (0 TO 2));
END   ENTITY  FUNC;
ARCHITECTURE   DEMO   OF   FUNC   IS
--以下定义函数 SAM
FUNCTION   SAM (X, Y, Z:    STD_LOGIC)  RETURN  STD_LOGIC  IS
BEGIN
    RETURN (X AND Y) OR Z;
END   FUNCTION   SAM;
BEGIN
    PROCESS (A)
    BEGIN
    M(0) <= SAM (A(0), A(1), A(2));
    M(1) <= SAM (A(2), A(0), A(1));
    M(2) <= SAM (A(1), A(2), A(0));
    END   PROCESS;
END   ARCHITECTURE   DEMO;
```

例 4-10 在结构体中定义了一个名为 SAM 的函数，然后在进程中调用了此函数。输入端口 A 被列为进程的敏感信号，当 A 的三个位 A(0)、A(1)、A(2)中的任何一个有变化时，就启动对函数 SAM 的调用，并将返回值赋给 M 输出。

3) 子程序重载

子程序重载(RELOAD)指两个或多个子程序使用相同的名字，也就是说，VHDL 允许设计者用同一个名字书写多个子程序，这些子程序的参数类型和返回值可以是不同的。

在调用这种重名的子程序时，VHDL 根据下列因素决定调用哪一个子程序：

(1) 子程序调用中出现的参数数目。

(2) 调用中出现的参数类型。

(3) 调用中使用名字关联法时参数的名字。

(4) 子程序为函数时返回值的类型。

【例 4-11】　重载函数。

```
LIBRARY IEEE;
USE   IEEE.STD_LOGIC_1164.ALL;
PACKAGE PACKEXP IS                      --定义程序包首
FUNCTION MAX (A, B:   IN   STD_LOGIC_VECTOR)
    RETURN STD_LOGIC_VECTOR;            --定义函数首
FUNCTION MAX (A, B:   IN   BIT_VECTOR)
    RETURN BIT_VECTOR;                  --定义函数首
FUNCTION MAX (A, B:   IN   INTEGER)
    RETURN INTEGER;                     --定义函数首
END;                                    --结束程序包首
PACKAGE BODY PACKEXP IS                 --定义程序包体
FUNCTION MAX (A, B:   IN   STD_LOGIC_VECTOR)
    RETURN STD_LOGIC_VECTOR IS          --定义函数体
BEGIN
   IF   A > B   THEN   RETURN   A;
      ELSE   RETURN   B;
   END   IF;
END   FUNCTION   MAX;
FUNCTION   MAX (A, B:   IN   BIT_VECTOR)
    RETURN BIT_VECTOR IS                --定义函数体
BEGIN
   IF   A > B   THEN   RETURN   A;
      ELSE   RETURN   B;
   END   IF;
END   FUNCTION   MAX;
FUNCTION   MAX (A, B:   IN   INTEGER)
    RETURN INTEGER IS                   --定义函数体
BEGIN
   IF   A > B   THEN   RETURN   A;
      ELSE   RETURN   B;
   END   IF;
END   FUNCTION MAX;
END;                                    --结束程序包体
```

```
--以下是调用重载函数 MAX 的程序
LIBRARY IEEE;
USE   IEEE.STD_LOGIC_1164.ALL;
USE   WORK.PACKEXP.ALL;
ENTITY AXAMP   IS
    PORT (A1, B1:   IN   STD_LOGIC_VECTOR (3 DOWNTO 0);
          A2, B2:   IN   BIT_VECTOR (4 DOWNTO 0);
          A3, B3:   IN   INTEGER   0 TO 15;
            C1:     OUT   STD_LOGIC_VECTOR (3 DOWNTO 0);
            C2:     OUT   BIT_VECTOR (4 DOWNTO 0);
            C3:     OUT   INTEGER   0 TO 15);
END;
ARCHITECTURE   BHV   OF   AXAMP   IS
BEGIN
C1<= MAX (A1, B1);            --调用函数 MAX(A, B:   IN   STD_LOGIC_VECTOR)
C2<= MAX (A2, B2);            --调用函数 MAX (A, B:   IN   BIT_VECTOR)
C3<= MAX (A3, B3);            --调用函数 MAX (A, B:   IN   INTEGER)
END;
```

例 4-11 在程序包中定义了 3 个名为 MAX 的函数，它们的函数名相同，但参数类型是不同的，显然，程序是根据调用时出现的参数类型来决定调用哪一个函数的。

注意：在定义子程序的形式参数时，可以不限定其长度和范围，如例 4-11 中函数 MAX 的形参 A、B 均未限定长度，而是由实参的大小来决定的。这样，该子程序就可以用于不同的情况。

5. 返回语句(RETURN)

返回语句只能用于子程序(过程和函数)中，有以下两种格式：

```
    RETURN;                --第一种语句格式
    RETURN  表达式;        --第二种语句格式
```

第一种语句格式只能用于过程，它的功能是结束过程，并不返回任何值；第二种语句格式只能用于函数，并且必须返回一个值。

6. 空操作语句

NULL 语句不做任何操作，它的功能就是使程序进入下一条语句的执行。NULL 语句常用于 CASE 语句中，用来代替其余可能出现的情况，如：

```
CASE   OPCODE   IS
    WHEN "001" => TMP := A AND B;
    WHEN "101" => TMP := A OR B;
    WHEN "110" => TMP := NOT A;
```

```
    WHEN OTHERS => NULL;
END CASE;
```

4.1.2 并行语句

与传统的软件编程语言相比，并行语句是最具硬件描述特色的。在 VHDL 中，并行语句有多种格式，各种并行语句在结构体中的执行是同时的，或者说是并行的，与书写顺序无关。并行语句之间可以有信息往来，也可以是互相独立或异步运行的(如多时钟情况)，而真实的电路系统中，各部分电路单元也是既能互相独立地工作，也能相关工作，或者引入控制信号，使它们同步工作等。显然，VHDL 的并行语句能够充分地描述实际硬件电路的运行情况。

VHDL 中的并行语句主要有以下七种。

(1) 块(BLOCK)语句：由一系列并行运行的语句构成的组合体，功能是将这些并行语句组合成一个或多个子模块。

(2) 进程(PROCESS)语句：由顺序语句组成，可按规定的条件将外部信号或内部数据向其他信号进行赋值。

(3) 并行信号赋值语句：将设计实体内的处理结果向内部信号或外部端口进行赋值。

(4) 条件信号赋值语句：根据设定的条件向信号或端口进行赋值。

(5) 选择信号赋值语句：根据表达式的值向信号或端口进行赋值。

(6) 元件例化语句：可以把其他的设计实体当作元件来调用，并将此元件的端口与其他的元件、信号或高层次实体的端口进行连接。

(7) 生成语句：可以用来复制一组相同的设计单元。

1. 块(BLOCK)语句

一个设计实体原则上只能有一个结构体，但当电路功能比较复杂时，在一个结构体中进行描述就显得很不方便。BLOCK 语句的功能就是提供一种划分机制，它允许设计者将一个大的设计实体划分成若干个功能模块，这种划分只是形式上的，主要目的是改善程序的可读性，对程序的移植、排错和仿真也是有益的。

BLOCK 语句的格式如下：

```
    块标号：BLOCK[(保护表达式)]
        接口说明
        类属说明
    BEGIN
        并行语句
    END BLOCK  块标号;
```

例如：

```
    ...
B1: BLOCK
    SIGNAL S1: BIT;
```

```
    BEGIN:
    S1 <= A AND B;
B2: BLOCK
    SIGNAL S2: BIT;
    BEGIN:
    S2 <= C AND D;
B3: BLOCK
    BEGIN:
    Z <= S2;
END BLOCK B3;
END BLOCK B2;
Y <= S1;
END BLOCK B1;
...
```

此例中定义了三个嵌套结构的块，显示了在块中定义的信号的有效范围。在 BLOCK 语句说明部分定义的信号，其有效范围仅限于当前的块，对于块的外部来说是无效的，但对于嵌套于内层的块却是有效的。

任何能在结构体中进行的说明都能在 BLOCK 语句中的说明部分进行说明，事实上，结构体本身就相当于一个块，BLOCK 语句只是提供一种将结构体中的并行语句进行组合的方法。

在块语句中还可以含有保护表达式，此时的块称为被保护的块，但 VHDL 的综合器一般都不支持含有保护表达式的 BLOCK 语句，此处不另做讨论。

事实上，将结构体以模块方式进行划分的方法有多种，后面将要介绍的元件例化语句也是一种将结构体的功能进行划分的方法。

2．进程语句(PROCESS)要点

在前面有关章节中已多次提到进程(PROCESS)语句，并举出很多示例(详见 3.1.2 小节)。进程语句是一种并行语句，在一个设计实体中可以有多个进程语句同时并发执行，这和普通软件编程语言有很大不同。

进程语句的基本格式如下：

```
[进程名]： PROCESS [(敏感信号表)]
          [进程说明语句]
          BEGIN
          顺序语句
          END　PROCESS　[进程名];
```

下面对进程语句使用中的注意事项和要点做出以下归纳：

(1) 一个进程可以与其他进程同时运行，并可存取结构体或实体中所定义的信号，但不能在不同的进程中对同一信号进行赋值操作。

(2) 尽管在同一进程中可以包含多个条件语句，但只允许有一个含有时钟边沿检测的

条件语句(如 if rising_edge(clk) …)，即一个进程中只能描述针对同一时钟信号的时序逻辑，而多时钟逻辑必须由多个进程来描述。

(3) 进程本身是并行语句，进程中的所有语句都是按顺序执行的。当进程的最后一个语句执行完毕后，在敏感信号的触发下，又从该进程的第一个语句开始重复执行，但是如果没有敏感信号的变化，这个进程不会工作。因此，为启动进程，在进程语句中必须包含一个敏感信号表，或者包含一个 WAIT 语句。

(4) 进程之间的通信是通过信号传递来实现的。信号具有全局性，它是进程之间进行联系的重要途径，因此，在进程说明部分不允许定义信号。

【例 4-12】　串/并转换电路(见图 4-4)。

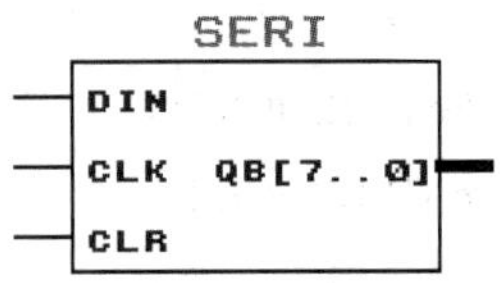

```
library ieee;
use ieee.std_logic_1164.all;

entity seri is
port(din:std_logic;
  clk,clr:std_logic;
  qb:out std_logic_vector(7 downto 0));
end seri;

architecture arch of seri is
signal cnt:integer range 0 to 8;
signal reg8:std_logic_vector(7 downto 0);
begin
process(clk,clr)
    begin
    if clr='1' then
    reg8<=(others=>'0');
    cnt<=0;
    elsif rising_edge(clk) then
    reg8(7 downto 1)<=reg8(6 downto 0);
    reg8(0)<=din;
    cnt<=cnt+1;
    end if;
end process;
process(cnt)
begin
    if cnt=8 then
    qb<=reg8;
    else
    qb<=(others=>'Z');
```

图 4-4　串并转换电路逻辑图

```
          end if;
     end process;
     end arch;
```

此例是一个带异步清零的串/并转换电路，DIN 是串行输入端口，CLR 是清零信号，CLK 是移位时钟信号，QB 是并行输出端口。程序中使用了两个进程，在第一个进程中完成数据的移入，在第二个进程中完成数据的并行输出，从敏感信号可以看出，两个进程是通过信号 CNT 互相联系的。

当第一个时钟信号到来时，REG8 的内容左移一位，DIN 上的数据'1'被移入内部寄存器 REG8 的最低位，同时 CNT 计一个数，此时 REG8 的内容为"01"；第二个时钟信号到来时，REG8 的内容左移一位，同时 DIN 上的数据'0' 被移入内部寄存器 REG8 的最低位，此时 REG8 的内容为"02"，依次类推。

从仿真波形(如图 4-5 所示)可以看出，8 个时钟信号上升沿对应的 DIN 上的数据依次为"10100101"即"A5"，这样，8 个时钟信号之后"A5"就从 QB 输出。

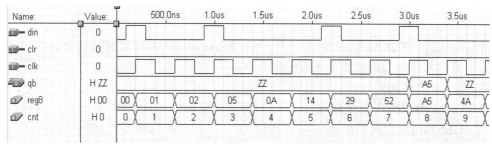

图 4-5　串并转换电路的仿真波形

3．并行信号赋值语句

并行信号赋值语句是 VHDL 并行语句中最基本的结构，格式如下：

　　赋值目标 <= 表达式；

其中，赋值目标必须是信号，两边的数据类型必须一致。这类语句的最大特点是在结构体中的执行是同时进行的，与书写顺序无关。一条并行信号代入语句实际上就是一个进程语句的缩写，例如：

```
ARCHITECTURE  EXAMPLE  OF  TEST  IS
BEGIN
OUT1 <= IN1 OR (IN2 AND IN3);        --并行信号代入语句
END EXAMPLE;
```

此例中的并行信号代入语句实际上是如下进程的缩写：

```
PROCESS(IN1, IN2, IN3)
BEGIN
OUT1 <= IN1 OR (IN2 AND IN3);
END PROCESS;
```

4．条件信号赋值语句

条件信号赋值语句的格式如下：

```
赋值目标 <= 表达式    WHEN   赋值条件 ELSE
            表达式    WHEN   赋值条件 ELSE
            …
            表达式;
```

具体介绍详见 3.1.3 小节。

5. 选择信号赋值语句

选择信号赋值语句的格式如下：

```
WITH   选择表达式   SELECT
赋值目标 <= 表达式   WHEN   选择值,
            表达式   WHEN   选择值,
            …
            表达式   WHEN   选择值;
```

具体介绍详见 3.1.3 小节。

6. 元件例化语句

元件例化语句由两部分组成，第一部分将事先设计好的实体定义为一个元件，第二部分则是定义此元件与当前设计实体的连接关系。

(1) 定义元件语句：

```
COMPONENT 元件名
GENERIC (类属表);
PORT (端口名表);
END COMPONENT 元件名;
```

(2) 元件例化语句：

```
[标号：]元件名 PORT MAP([端口名=>] 连接端口名，[端口名=>] 连接端口名，…);
```

【例 4-13】 用元件例化方法设计 8 位加法器(见图 4-6)。

```
library ieee;
use ieee.std_logic_1164.all;

entity adder8b is
port(a,b:std_logic_vector(7 downto 0);
        cin:std_logic;
        s:out std_logic_vector(7 downto 0);
        cout:out std_logic);
end adder8b;

architecture struc of adder8b is
component adder4b                      --声明调用元件 adder4b
        port(a,b:std_logic_vector(3 downto 0);
```

```
                cin:std_logic;
                s:out std_logic_vector(3 downto 0);
                cout:out std_logic);
        end component;
    signal car:std_logic;
    begin
    u1:adder4b port map(cin=>cin,a=>a(3 downto 0),b=>b(3 downto 0),
            s=>s(3 downto 0),cout=>car);
    u2:adder4b port map(cin=>car,a=>a(7 downto 4),b=>b(7 downto 4),
            s=>s(7 downto 4),cout=>cout);
    end struc;
```

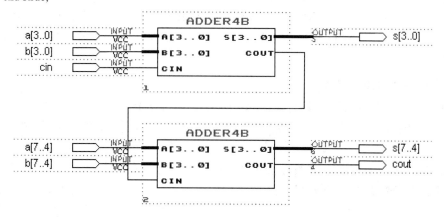

图 4-6　8 位加法器逻辑图

　　此例采用元件例化方法，调用两个 4 位加法器组成一个 8 位加法器。其中的 4 位加法器 ADDER4B 见本书第 2 章例 2-11。

7．生成语句

生成语句有两种形式，一种是 FOR-GENERATE 形式，即
　　[标号]:　FOR　循环变量　IN　取值范围　GENERATE
　　生成语句
　　END　GENERATE [标号];
另一种是 IF-GENERATE 形式，即
　　[标号]:　IF　条件　GENERATE
　　生成语句
　　END　GENERATE [标号];
具体介绍详见 3.3.2 小节。

4.1.3　其他语句

1．ASSERT 语句和 REPORT 语句

ASSERT(断言)语句和 REPORT 语句只能在仿真中使用，它们既可以作为顺序语句使

用，也可以作为并行语句使用。

ASSERT 语句判断指定的条件是否为真(TRUE)，如果为 FALSE 则报告错误，格式如下：

    ASSERT　条件表达式
    REPORT　字符串
    SEVERITY　错误等级[SEVERITY_LEVEL];

例如：

    ASSERT　NOT(S = '1' AND R = '1')
    REPORT "Both values of S and R are equal to '1' "
    SEVERITY ERROR;

若 REPORT 子句缺省，则默认消息为"Assertion violation"，若使用了 SEVERITY 子句，则必须指定一个错误等级(SEVERITY_LEVEL)。VHDL 中的错误严重程度分为四个等级：NOTE、WARNING、ERROR 和 FAILURE，若 SEVERITY 子句缺省，则默认的错误等级是"ERROR"。

2. 属性描述与定义语句

VHDL 中的某些项目可以具有属性(Attribute)，如数据类型、过程、函数、信号、变量、常量、实体、结构体、配置、程序包、元件和语句标号等。属性代表这些项目的某种特征，通常可以用一个值或一个表达式来表示。

VHDL 提供了多种预定义属性描述语句，可以通过这些语句来检测或调用这些项目的各种属性，这类语句有许多实际的用途，如表 4-1 所示。VHDL 也允许用户自己定义属性。

表 4-1　VHDL 中可综合的属性

属性名	功能与含义	适用范围
LEFT	返回数据类型、子类型或数组的左边界	类型或数组
RIGHT	返回数据类型、子类型或数组的右边界	类型或数组
HIGH	返回数据类型、子类型或数组的上限值	类型或数组
LOW	返回数据类型、子类型或数组的下限值	类型或数组
LENGTH	返回数组的总长度(元素个数)	数组
EVENT	检测是否有事件(电平变化)发生	信号
STABLE	检测是否没有事件发生	信号
RANGE	返回数组的排序范围	数组
REVERSE_RANGE	按逆序返回数组的排序范围	数组

属性描述语句的格式是：

    属性测试项目名' 属性名

下面将分类介绍属性的用法。

1) 信号类属性

信号类属性中最常用的是 EVENT，即事件。EVENT 用来检测信号在一个极短的时间段内有无"事件"发生,如果有,就返回一个布尔值 TRUE,反之就返回布尔值 FALSE。所谓事件是指信号电平的任何变化,如信号从 0 变为 1,或从 1 变为 0 都是事件。

例如:

IF(CLK' EVENT and CLK = '1') THEN …

其中,CLK' EVENT 用来检测 CLK 信号是否有"事件",当 CLK' EVENT 和 CLK = '1' 都为 TRUE 时,就说明 CLK 信号有一个上升沿。但必须注意,只有当 CLK 信号是 BIT 类型时才能用这种方式检测上升沿,因为 BIT 类型只有 0 和 1 两种取值。如果 CLK 是 STD_LOGIC 类型,它可能的取值有 9 种,当 CLK' EVENT 和 CLK = '1' 都为 TRUE 时就不一定是上升沿了,此时应该用"IF RISING_EDGE(CLK) THEN…"来检测信号的上升沿。

RISING_EDGE( )和 FALLING_EDGE( )是 STD_LOGIC_1164 标准程序包中预定义的两个函数,可用来检测标准逻辑信号的上升沿和下降沿。

STABLE 的测试与 EVENT 恰好相反,即没有事件时返回布尔值 TRUE,而有事件时返回布尔值 FALSE。下面两条语句的功能是一样的:

NOT   CLK' STABLE AND CLK = '1'

CLK'EVENT AND CLK = '1'

2) 数据区间类属性

数据区间类属性有 'RANGE 和 'REVERSE_RANGE。它们主要是对项目的取值区间进行测试,返回的不是一个数值,而是一个区间。

例如:

…

SIGNAL   SIG1:   STD_LOGIC_VECTOR(0 TO 7);

…

FOR   i   IN   SIG1' RANGE   LOOP;

…

此例中的 FOR-LOOP 语句相当于"FOR i IN 0 TO 7 LOOP;",即 SIG1'RANGE 返回的是位矢量 SIG1 定义的元素范围。如果用 REVERSE_RANGE,则返回的区间只好相反,是 (7 DOWNTO 0)。

3) 数值类属性

数值类属性主要用于对项目的一些数值特性进行测试,返回的是一个数值。这类属性主要有 'LEFT、'RIGHT、'HIGH 及 'LOW。

例如:

…

SUBTYPE TEMP IS INTEGER RANGE 0 TO 15;

SIGNAL E1, E2, E3, E4: INTEGER;

…

E1 <= TEMP'RIGHT;   -- E1 获得 TEMP 的右边界,即 15

E2 <= TEMP'LEFT;   -- E2 获得 TEMP 的左边界,即 0

E3 <= TEMP'HIGH;   -- E3 获得 TEMP 的上限值,即 15

```
    E4 <= TEMP'LOW;                    -- E4 获得 TEMP 的下限值, 即 0
    ...
```

4) 数组属性

数组属性('LENGTH)的用法同前三项, 只是对数组的宽度进行测试。

例如:

```
    ...
    TYPE ARRY1 ARRAY(0 TO 7) OF BIT;
    VARIABLE WTH:     INTEGER;
    ...
    WTH := ARRY1(' LENGTH) LENGTH;  -- WTH 获得的是数组 ARRY1 的宽度, 即 8
    ...
```

【例 4-14】 奇偶校验电路。

```
    library ieee;
    use ieee.std_logic_1164.all;
    entity parity is
    generic(bus_size: integer := 8);
    port(data_in: in std_logic_vector(bus_size-1 downto 0);
        even, odd: out std_logic);
    end parity;
    architecture bhv of parity is
    begin
    process(data_in)
        variable temp:    std_logic;
    begin
        temp := '0';
    for i in data_in'range loop
    temp := temp xor data_in(i);
    end loop;
    odd <= temp;
    even <= not temp;
    end process;
    end bhv;
```

例 4-14 是一个奇偶校验电路的描述, 程序中使用了类属参数和属性(RANGE)。显然, 也可以用属性 'LOW 和'HIGH 来做。

4.1.4　练习与测评

一、填空题

1. VHDL 语句可以分为＿＿＿＿语句和＿＿＿＿语句两大类。

2. NEXT 语句主要用于在_____语句执行中进行有条件或无条件的_____控制。

3. VHDL 的顺序语句主要有_____、_____、_____、_____和_____。

4. 根据要求在横线上填写相应内容。

　　　if 条件句 then 顺序处理语句;

　　　else 顺序处理语句;

　　　end if;

　　条件成立,执行_____和_____之间的顺序处理语句;条件不成立,执行_____和_____之间的顺序处理语句。

5. 根据要求在横线上填写相应内容。

　　　signal d: bit_vector(0 to 3);

　　　signal m: bit_vector(1 downto 0);

　　　…

　　　if d(0) = '0' then m <= " 00";

　　　elsif d(1) = '0' then m <="01";

　　　elsif d(2) = '0' then m <="10";

　　　else m <= "11";

　　当 d=_____时,m 等于 11。

6. 根据要求在横线上填写相应内容。

　　　signal b: integer range 0 to 15;

　　　signal a1, a2, a3, a4 : std_logic;

　　　…

　　　case b is

　　　when_____　　=> a1 <= '0' ;　　　--当 b = 1 时,a1 等于 '0'

　　　when_____　　=> a2 <= '0' ;　　　--当 b = 4 或 6 时, a2 等于' 0'

　　　when_____　　=> a3 <= '0' ;　　　--当 b = 8、9、10 或 13 时, a3 等于 '0'

　　　when_____　　=> a4 <= '0';　　　--当 b 等于其余所有数字时, a4 等于 '0'

7. 有下列程序:

　　　…

　　　signal a : STD_LOGIC_VECTOR(7 downto 0);

　　　…

　　　FOR　I　IN　　a'RANGE　LOOP;

　　　…

则其中循环变量 I 的变化范围是_____。

8. 一般地,只有_____格式的等待语句可以被综合器接受(其余等待语句格式只能在 VHDL 仿真器中使用)。

9. 进程语句是最基本、最常用的并行语句,同一结构体的不同进程之间是_____关系。进程中逻辑描述语句是按_____运行的,在进程中只能使用_____语句。进程的主要组成部分有_____,_____和_____。

10. 进程中,只能将_____列入敏感表,而不能将_____列入敏感表,因为进程只对_____敏感。进程的激活可由_____表中的任一_____信号的变化来启动, 否则必须有一个_____语句来激励。当进程中定义的任一_____信号发生变化时, 由顺序语句定义的行为就要立即执行一次, 当进程中最后一个语句执行完成后, 执行过程将返回到进程的第_____个语句, 以等待下一次_____信号的变化。

11. 将下列程序段转换为 WHEN-ELSE 语句。

```
…
if a = '0' and b = ' 0' then next1 <= " 1101" ;
elsif a = ' 0' then next1 <= d;
elsif b = ' 0' then next1 <= c;
else    next1 <= " 1011" ;
end if;
…
```

_____;
_____;
_____;

12. 并行语句包括块语句、进程语句、_____、子程序调用语句、生成语句和_____。

13. 元件例化语句由两部分组成, 一部分是把一个现成的设计实体定义为一个元件, 另一部分则是_____。

14. 子程序有两种类型, 即_____和_____。子程序可以在 VHDL 程序的_____、_____和_____这三个不同位置进行定义, 为了被不同的设计所调用, 一般应该将子程序放在_____中。子程序具有可_____的特点, 即允许子程序的_____相同, 但这些子程序的参数类型及返回值数据类型是不同的。

15. 在横线上说明 SEL 的选择值。

```
…
WITH SEL SELECT
    OUT <= A   WHEN   0 | 2,      --当 SEL 为_____时, OUT 为 A;
    B   WHEN   3 TO 5,          --当 SEL 为_____时, OUT 为 B;
    C   WHEN   6 TO 7 | 8,      --当 SEL 为_____时, OUT 为 C;
    D   WHEN   9,
    'Z' WHEN   OTHERS;
…
```

16. 过程语句由_____和_____两部分组成, 其中_____不是必需的, _____可以独立存在和使用。在进程或结构体中定义过程时不必定义_____, 而在程序包中必须定义_____。

17. 元件例化语句中所定义的元件的端口名与当前系统的连接端口名的接口表达式有两种: 一种是名字关联方式, 另一种是_____关联方式。

18. 条件信号赋值语句_____(填允许或不允许)有重叠现象, 这与 CASE 语句有很大的不同, 同时条件信号赋值语句与 IF 语句功能相似, 第一子句具有_____赋值优先权。

二、选择题

1. 下列语句中，属于顺序语句的是(　　)。

A. 进程语句　　　　　　　　　　　B. IF 语句

C. 元件例化语句　　　　　　　　　D. WITH…SELECT 语句

2. 在 VHDL 中，IF 语句中至少应有 1 个条件句，条件句必须由(　　)表达式构成。

A. BIT　　　　　B. STD_LOGIC　　　C. BOOLEAN　　　D. 任意

3. 在 VHDL 的 CASE 语句中，条件句中的 "=>" 不是操作符，它只相当于(　　)的作用。

A. IF　　　　　B. THEN　　　　　C. AND　　　　　D. OR

4. 在 VHDL 的 FOR-LOOP 语句中，循环变量是一个临时变量，属于 LOOP 语句的局部变量，(　　)事先声明。

A. 必须　　　　　B. 不必　　　　　C. 其类型要　　　D. 其属性要

5. 在 VHDL 中，用语句(　　)表示检测 clock 的上升沿；用语句(　　)表示检测 clock 的下降沿。

A. clock'EVENT　　　　　　　　　B. clock' EVENT AND clock = '1'

C. clock = '1'　　　　　　　　　　D. clock' EVENT AND clock = '0'

6. 下列选项中不属于等待语句(WAIT)书写方式的为(　　)。

A. WAIT　　　　　　　　　　　　B. WAIT ON 信号表

C. WAIT UNTIL 条件表达式　　　　D. WAIT FOR　时间表达式

7. 下列选项中不属于 EXIT 语句书写方式的为(　　)。

A. EXIT

B. EXIT LOOP　标号

C. EXIT LOOP　标号　WHEN　条件表达式

D. EXIT LOOP　标号　CASE　条件表达式

8. 下列语句完全不属于顺序语句的是(　　)。

A. WAIT 语句　　　B. NEXT 语句　　　C. ASSERT 语句　　　D. REPORT 语句

9. 在 VHDL 中，下列对进程(PROCESS)语句结构及语法规则的描述正确的是(　　)。

A. 敏感信号发生更新时启动进程，执行完成后，等待下一次进程启动

B. 敏感信号参数表中，应列出进程中使用的所有输入信号

C. 进程由说明部分、结构体部分和敏感信号参数表三部分组成

D. 当前进程中声明的信号也可用于其他进程

10. 进程中的变量赋值语句，变量更新是(　　)，信号更新是(　　)。

A. 立即完成　　　　　　　　　　　B. 按顺序完成

C. 在进程的最后完成　　　　　　　D. 都不对

11. 下列语句中，不属于并行语句的是(　　)。

A. 进程语句　　　　　　　　　　　B. CASE 语句

C. 元件例化语句　　　　　　　　　D. WHEN-ELSE-语句

12. 以下对于进程 PROCESS 的说法，正确的是(　　)。

A. 进程之间可以通过变量进行通信

B. 进程内部由一组并行语句来描述进程功能

C. 进程语句本身是并行语句

D. 一个进程可以同时描述多个时钟信号的同步时序逻辑

13. 进程语句中敏感信号列表的作用是(　　)。

A. 说明进程运行的结果　　　　　　B. 决定进程运行的先后顺序

C. 决定进程语句的启动与否　　　　D. 实现进程语句的独立性

14. 以下关于 VHDL 中顺序语句和并行语句的区别,不正确的是(　　)。

A. 顺序语句按语句的排列顺序执行,并行语句只执行被激活的语句

B. 并行语句体现了硬件电路的并行性

C. 顺序语句可直接构成结构体,而并行语句则不能

D. 顺序语句用于描述模块的算法,并行语句用于描述模块间的连接关系

15. 在元件例化(COMPONENT)语句中,用(　　)符号实现名称映射,将例化元件端口声明语句中的信号名与 PORT MAP 中的信号名关联起来。

A. =　　　　　　　B. :=　　　　　　　C. <=　　　　　　　D. =>

16. 当一个结构体中包含多个进程(Process)时,各进程之间依靠(　　)来传递信息。

A. 常量(Constant)　　　　　　　　B. 变量(Variable)

C. 信号(Signal)　　　　　　　　　D. 块语句(Block)

17. 元件例化语句的作用是(　　)。

A. 描述元件模块的算法

B. 改善并行语句及其结构的可读性

C. 产生一个与某元件完全相同的一组并行元件

D. 在高层次设计中引用前面已经设计好的元件或电路模块

18. 关于元件例化语句的元件声明的作用,以下说法中正确的是(　　)。

A. 说明所引用元件的逻辑功能　　　B. 说明所引用元件的端口信息

C. 说明所引用元件的个数　　　　　D. 说明所引用元件的存储位置

19. 过程调用前需要将过程的过程首和过程体装入(　　)中。

A. 源程序　　　　B. 结构体　　　　C. 程序包　　　　D. 设计实体

20. VHDL 的设计实体可以被高层次的系统(　　),成为系统的一部分。

A. 输入　　　　　B. 输出　　　　　C. 仿真　　　　　D. 调用

21. 除了块语句之外,下列语句中同样可以将结构体并行描述分成多个层次的是(　　)。

A. 元件例化语句(COMPONENT)　　B. 生成语句(GENERATE)

C. 报告语句(REPORT)　　　　　　D. 空操作语句(NULL)

22. 以下不是生成语句(GENERATE)组成部分的是(　　)。

A. 生成方式　　　　　　　　　　　B. 说明方式

C. 并行语句　　　　　　　　　　　D. 报告语句

23. 断言语句对错误判断级别最高的是(　　)。

A. Note(通报)　　　　　　　　　　B. Warning(警告)

C. Error(错误)　　　　　　　　　　D. Failure(失败)

24. 下列选项中不属于过程调用语句(PROCEDURE)参量表中可定义的流向模式的为

(　　)。

A. IN
B. INOUT

C. OUT
D. LINE

25. 下列重载方式中，不属于 VHDL 的是(　　)。

A. 函数重载
B. 运算符重载

C. 别名
D. 元件重载

三、分析题

1. 分析下列程序段是否正确，如果不正确，请指出错误原因并加以改正。

程序段一：

```
01   process(clk, reset)
02     begin
03     if ( reset = '0' )then
04     q <= '0' ;
05     qb <= '1';
06     elsif ( clk'event and clk = '1' ) then
07     q <= d;
08     qb <= not d;
09     end if;
10     wait on clk, reset;
11   end process;
```

程序段二：

```
01   library ieee;
02   use ieee.std_logic_1164.all;
03   entity mux2 is
04     port(in1, in2 :   in std_logic;
05             sel :   in std_logic;
06          output :    out std_logic);
07   end mux2;
08   architecture one of mux2 is
09     begin
10     if sel = '1' then output := in1;
11     else output:= in2;
12     end if;
13   end one;
```

程序段三：

```
01   …
02   signal s1:   integer range 0 to 15;
03   signal out:   std_logic_vector(0 to 1);
04   …
```

```
05    case s1
06    when 0 => out <= '1';
07      when 1 => out <= '0';
08    end case;
09    …
```

程序段四：

```
01  variable cnt4:  integer range 0 to 15;
02  …
03  process(clk, clear, stop)
04  begin
05    IF clear = '0'   THEN
06    cnt4 <= 0;
07    elseif clk' event and clk = '1' then
08    if stop = '0' then
09    cnt <= cnt4+1;
10    end if;
11    end process;
12    …
```

程序段五：

```
01     …
02   ENTITY mux IS
03     PORT (i0, i1, i2, i3, a, b:   IN STD_LOGIC;
04                        q:   OUT STD_LOGIC);
05     END mux;
06     ARCHICTURE rtl OF mux IS
07   BEGIN
08   SIGNAL sel:   STD_LOGIC_VECTOR (1 DOWNTO 0);
09   sel<=b & a;
10   q <= i0 WHEN sel = "00"   ELSE;
11      i1 WHEN sel = "01"   ELSE;
12      i2 WHEN sel = "10"   ELSE;
13      i3 WHEN sel = "11"   ELSE;
14      "X";
15     END rtl;
```

程序段六：

```
01    LIBRARY IEEE;
02    USE IEEE_STD_LOGIC_1164.ALL;
03    ENTITY func IS
04    PORT (a:   IN STD_LOGIC_VECTOR (0 DOWNTO 2);
```

```
05                m:     OUT STD_LOGIC_VECTOR (0 DOWNTO 2));
06      END func;
07      ARCHITECTURE demo OF func IS
08      FUNCTION sam (x, y, z:     STD_LOGIC) RETURN STD_LOGIC
09      BEGIN
10        RETURN (x AND y) OR y
11      END FUNCTION sam;
12      PROCESS (a)
13        BEGIN
14            m(0) <= sam( a(0), a(1), a(2));
15            m(1) <= sam( a(2), a(0), a(1));
16            m(2) <= sam( a(1), a(2), a(0));
17        END PROCESS;
18      END demo;
```

程序段七：

```
01      …
02      ENTITY mux IS
03      PORT (i0, i1, i2, i3, a, b:     IN STD_LOGIC;
04                        q:     OUT STD_LOGIC);
05      END mux;
06      ARCHICTURE behav OF mux IS
07        SIGNAL sel:     INTEGER;
08        BEGIN
09        WITH sel SELECT
10      q <= i0 WHEN 0
11          i1 WHEN 1
12          i2 WHEN 2
13          i3 WHEN 3
14          'X'   WHEN   OTHER;
15      sel <= 0 WHEN a = '0'   AND b = '0'   ELSE
16             1 WHEN a = '1'   AND b = '0'   ELSE
17             2 WHEN a = '0'   AND b = '1'   ELSE
18             3 WHEN a = '1'   AND b = '1'   ELSE
19             4
20      END behav;
21      …
```

程序段八：

```
01        …
02      PACKAGE seven IS
```

```
03      SUBTYPE segments is BIT_VECTOR (0 TO 6);
04      TYPE bcd IS RANGE 0 TO 2;
05      END seven;
06      ENTITY decoder IS
07      PORT (input: bcd;
08              drive: segments);
09   END decoder;
10      ARCHITECTURE simple OF decoder IS
11      BEGIN
12        WITH input SELECT IS
13      drive <= B"1111110"    WHEN 0;
14              B"0110000"    WHEN 1;
15              B"1101101"    WHEN 2;
16              B"0000000"    WHEN OTHERS;
17   END simple;
```

2. 分析下列 VHDL 程序，并指出它所描述的功能。

```
library ieee;
use ieee.std_logic_1164.all;
entity control_and is
    port(a:    in std_logic_vector(3 downto 0);
         b:    in std_logic_vector(3 downto 0);
         m:    in std_logic_vector(3 downto 0);
         q:    out std_logic_vector(3 downto 0));
end control_and;
architecture    rtt of control_and is
    begin
    p1:   process(a, b, m)
        begin
    loop1:   for i in 0 to 3 loop
            if ( m(i) = '1')then
            next;
            end if;
            q(i) <= a(i) and b(i);
            end loop loop1;
        end process p1;
    end rtt;
```

3. 分析下面两个进程，然后回答问题。

```
p1:   process(a, b, c)
        variable d:    std_logic;
```

```
        begin
        d:= a;
        x <= b+d;
        d := c;
        y <= b+d;
    end process p1;
p2:    process(a, b, c, d)
    begin
    d <= a;
    x <= b+d;
    d <= c;
    y <= b+d;
    end process p2;
```

问题：进程 p1 执行后 x 和 y 的结果是什么？进程 p2 执行后 x 和 y 的结果是什么？根据两个进程的执行结果，可以得出什么结论？

四、简答题

1. 比较 CASE 语句和 WITH-SELECT 语句，叙述它们的异同点。

2. 写出几种时钟信号的具体描述形式。

3. 过程和函数可以定义在一个 VHDL 程序的哪些位置？过程与函数的异同点是什么？

4. 什么是重载函数？重载函数有何用处？请说出下列运算符重载函数的含义：

```
FUNCTION "+" (l, r:    integer) RETURN integer;
FUNCTION "+" (l, r:    bit_vector) RETURN integer;
FUNCTION "+" (l, r:    std_logic_vector) RETURN integer;
```

5. 为什么说一条并行信号代入语句可以等效为一个进程？它怎样实现敏感信号的检测？

五、设计题

1. 根据下列程序画出相对应的原理图。

```
LIBRARY IEEE;
USE IEEE. STD_LOGIC_1164. ALL;
ENTITY and2or4 IS
    PORT( a, b:   IN   STD_LOGIC_VECTOR(0 TO 3 );
          d:   OUT STD_LOGIC);
END and2or4;
ARCHITECTURE one OF and2or4 IS
    SIGNAL c:   STD_LOGIC_VECTOR(0 TO 3);
BEGIN
PROCESS(a, b)
    BEGIN
        FOR i IN 0 TO 3 LOOP
```

```
        c (i) <= a(i) AND b(i);
            END LOOP;
        END PROCESS;
    D <= NOT (c(0) OR c(1) OR c(2) OR c(3));
        END one;
```

2. 根据图 4-7 所示的原理图，用 IF 语句实现以下功能：

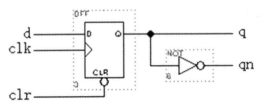

图 4-7　原理图

当 clr 等于 0 时，q 等于 0；当 clr 不等于 0 且 clk 上升沿到时，q 等于 d；无论何种状况下，qn 始终等于 q 值取反。

3. 下列程序是一个 10 线－4 线优先编码器的 VHDL 描述，试将其补充完整。

```
    LIBRARY _____
    USE IEEE. _____.ALL;
    ENTITY coder IS
        PORT (din : IN STD_LOGIC_VECTOR(9 DOWNTO 0);
            output: _____STD_LOGIC_VECTOR(3 DOWNTO 0) );
    END coder;
    ARCHITECTURE behav OF_____ IS
        SIGNAL SIN :    STD_LOGIC_VECTOR(_____ DOWNTO 0);
        BEGIN
        PROCESS (_____)
        BEGIN
            IF (din(9)= '0' )   THEN    SIN <= "1001";
        ELSIF (din(8)= '0' ) THEN    SIN <= "1000";
        ELSIF (din(7)= '0' ) THEN    SIN <= "0111";
        ELSIF (din(6)= '0') THEN    SIN <= "0110";
        ELSIF (din(5)= '0') THEN    SIN <= "0101";
            _____        THEN    SIN <= "0100";
        ELSIF (din(3)= '0' ) THEN    SIN <= "0011";
        ELSIF (din(2)= '0') _____;
        ELSIF (din(1)= '0') THEN    SIN <= "0001";
        ELSE    SIN <="0000";
        _____;
        END PROCESS ;
    output <= SIN ;
```

END behav;

4. 将以下程序转换为 WHEN-ELSE 语句。

```
PROCESS(A, B, C, D)
BEGIN
    IF A = '0'AND B = '0' THEN
    NEXT1 <= "1101";
    ELSIF   B = '1' THEN
    NEXT1 <= C;
    ELSE
    NEXT1 <= "1011";
        END   IF;
    END   PROCESS;
```

5. 设计一个数据选择器 MUX，其系统模块图和功能表如图 4-8 和图 4-9 所示。试采用下面四种方式来描述该数据选择器 MUX 的结构体：① 用 IF 语句；② 用 CASE 语句；③ 用 WHEN-ELSE 语句；④ 用 WITH-SELECT 语句。

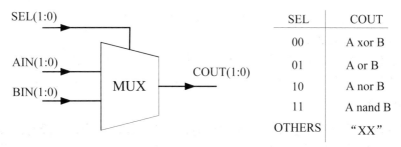

SEL	COUT
00	A xor B
01	A or B
10	A nor B
11	A nand B
OTHERS	"XX"

图 4-8　系统模块图　　　　　　　图 4-9　系统功能表

6. 根据如图 4-10 所示的原理图，用 WHEN-ELSE 语句实现以下功能：
当 tri = '0' 时，op <= in1 AND in2；否则 op <= 'z'。

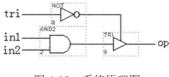

图 4-10　系统原理图

4.2　了解 VHDL 的描述风格

从前几章的介绍可以看出，用 VHDL 进行设计是在结构体中具体描述整个设计实体的逻辑功能的。显然，对于同样的电路功能，可以使用不同的语句和不同的描述方式来表达，在 VHDL 中，通常将各种不同的描述方式归纳为：行为描述、RTL 描述和结构描述三类。VHDL 通过这三种描述方式，或称描述风格，从不同的侧面描述结构体的行为方式。在实际应用中，也常常混合使用这三种描述方式。

4.2.1　行为描述

1. 案例分析

【例 4-15】　2 选 1 多路开关行为描述(见图 4-11)。

```
LIBRARY   IEEE;              --库使用说明
USE   IEEE.STD_LOGIC_1164.ALL;
ENTITY mux2   IS            --实体说明，定义端口
PORT (a, b: IN   STD_LOGIC;
        s: IN   STD_LOGIC ;
        y: OUT   STD_LOGIC);
END ENTITY mux2;
ARCHITECTURE behav OF mux2   IS  --结构体说明，行为描述
BEGIN
    y<= a   WHEN   s='0'   ELSE
        b   WHEN   s='1'   ELSE
        'Z';                --此处的 Z 代表高阻态，必须大写
END ARCHITECTURE behav;
```

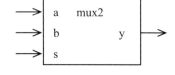

图 4-11　2 选 1 多路开关符号图

这是我们在第 1 章提到过的例子，在结构体中用条件赋值语句对 2 选 1 多路开关的功能进行了描述。不难看出，这里采用的是行为描述方式，并未涉及具体的硬件结构。

2. 知识点

如果在结构体中只是描述了电路的功能或者说电路的行为，而没有涉及实现这些行为的硬件结构，则称这种描述风格为行为描述。这里所谓的硬件结构是指具体硬件电路的连接关系、逻辑门的组成结构、元件或其他各种功能单元的层次结构等。行为描述只涉及输入与输出之间的转换关系，即规定电路的行为，而不包含任何结构信息。

行为描述方式通常是指含有进程的非结构化的逻辑描述，由一个或几个进程构成，每一个进程又包含了一系列顺序语句。

行为描述是一种抽象程度比较高的描述方式，这种方式的优越性在于它可以使设计者专注于电路功能(行为)的设计，而不必过多地考虑具体的硬件结构，只有这样，才能满足自顶向下的设计流程的要求。可以说，没有行为描述，就没有 EDA 技术。

与其他硬件描述语言相比，VHDL 更适合进行行为描述，因此有人把 VHDL 称为行为描述语言。

4.2.2　RTL 描述

1. 案例分析

【例 4-16】　2 选 1 多路开关 RTL 描述(见图 4-12)。

```
LIBRARY IEEE;
USE IEEE.STD_LOGIC_1164.ALL;
```

```
ENTITY mux2 IS
PORT(a, b:   IN STD_LOGIC;
        s:   IN STD_LOGIC;
        y:   OUT STD_LOGIC);
END mux2;
ARCHITECTURE behav OF mux2 IS
BEGIN
y <= (b and s)or(not s and a);
END behav;
```

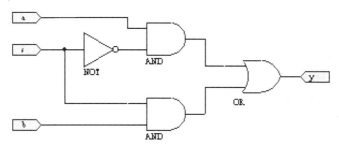

图 4-12　2 选 1 多路开关原理图

这是用 RTL 方式描述的 2 选 1 多路开关,在结构体中只用了一条并行信号赋值语句就完成了电路的描述,显得非常简洁。

2. 知识点

RTL 描述也称数据流描述,RTL 是寄存器传输语言的简称。一般来说,RTL 描述主要是通过并行信号赋值语句实现的,类似于布尔方程,可以描述时序电路,也可以描述组合电路,它既含有硬件电路的结构信息,又隐含表示某种行为。

与行为描述相比,RTL 描述能更直接地对电路的底层逻辑结构进行控制。

一般来说,用 RTL 方式完成的设计可控性好,综合优化的效率也更高。当然,用这种描述风格进行设计对设计人员的要求也更高,通常 ASIC(专用集成电路)开发和 IC 设计均应使用这种描述方式。一般认为 Verilog 语言更适合进行 RTL 描述。

4.2.3　结构描述

1. 案例分析

【例 4-17】　全加器电路结构描述(见图 4-13)。

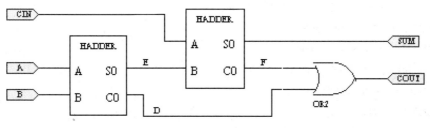

图 4-13　一位全加器逻辑原理图

　　下面我们用结构描述的方式设计一个全加器。全加器可以由两个半加器和一个或门组成，我们先完成半加器和或门的设计，然后设计全加器。

　　(1) 用 RTL 描述的一位半加器：

```
LIBRARY IEEE;
USE IEEE.STD_LOGIC_1164.ALL;
ENTITY   HADDER   IS
PORT(A, B: IN STD_LOGIC;
        S0, C0: OUT STD_LOGIC);
END   ENTITY   HADDER;
ARCHITECTURE   FH1   OF   HADDER   IS
BEGIN
S0 <= A XOR B;
C0 <= A AND B;
END ARCHITECTURE   FH1;
```

　　(2) 或门的逻辑描述：

```
LIBRARY IEEE;
USE IEEE.STD_LOGIC_1164.ALL;
ENTITY   OR2   IS
PORT(A, B: IN STD_LOGIC;
          C: OUT STD_LOGIC);
END   ENTITY   OR2;
ARCHITECTURE   FU1   OF   OR2   IS
BEGIN
C <= A OR B;
END ARCHITECTURE   FU1;
```

　　(3) 1 位全加器的顶层描述(结构描述)：

```
 LIBRARY IEEE;
USE IEEE.STD_LOGIC_1164.ALL;
ENTITY   FADDER   IS
PORT(A, B, CIN: IN STD_LOGIC;
      SUM, COUT: OUT STD_LOGIC);
END   ENTITY   FADDER;
ARCHITECTURE   FD1   OF   FADDER   IS
COMPONENT   HADDER
PORT(A, B: IN STD_LOGIC;
      S0, C0: OUT STD_LOGIC);
END   COMPONENT;
COMPONENT   OR2
PORT(A, B: IN STD_LOGIC;
```

```
        C: OUT STD_LOGIC);
    END   COMPONENT;
    SIGNAL   D, E, F: STD_LOGIC;
    BEGIN
        U1: HADDER   PORT MAP(A, B, C0 => D, S0 => E);
        U2: HADDER   PORT MAP(A => CIN, B => E, C0 => F, S0 => SUM);
        U3: OR2   PORT MAP(A => F, B => D, C => COUT);
    END   ARCHITECTURE   FD1;
```

2. 知识点

VHDL 的结构描述是一种基于元件例化语句或生成语句的描述风格，结构描述就是描述元件之间的互连关系，它将一个大的设计划分成若干个小的单元，逐一完成各单元的设计，然后用结构描述的方式将它们组装起来，形成更为复杂的设计，体现了模块化的设计思想。

4.2.4　练习与测评

一、填空题

1. 在 VHDL 中，通常将各种不同的描述方式归纳为_____、_____和_____。在这三种描述风格中，_____抽象程度最高，最能体现 VHDL 描述高层次结构和系统的能力，故我们常把 VHDL 称为_____语言。具备_____描述能力的硬件描述语言是实现_____设计方式的基本保证。

2. 数据流的描述风格一般是建立在用_____语句描述的基础上的，数据流描述方式能比较直观地表达底层_____行为。

3. VHDL 结构型描述风格是基于_____语句或_____语句的应用，利用这种语句可以用不同类型的结构完成多层次的工程，其风格最接近实际的_____结构。

二、选择题

1. 行为描述是指对(　　)进行描述。

A. 实体的逻辑功能　　　　　　　　　　B. 实体的内部结构

C. 实体的工作方式　　　　　　　　　　D. 实体的外部特征

2. 结构描述是指对(　　)进行描述。

A. 实体的逻辑功能　　　　　　　　　　B. 实体的内部结构

C. 实体的工作方式　　　　　　　　　　D. 实体的外部特征

3. 行为描述一般采用(　　)来实现。

A. 进程语句(Process)　　　　　　　　B. 赋值语句

C. 子程序调用语句　　　　　　　　　　D. 元件例化语句

4. 结构描述一般采用(　　)来实现。

A. 进程语句(Process)　　　　　　　　B. 赋值语句

C. 子程序调用语句　　　　　　　　　　D. 元件例化语句

三、设计题

1. 设计一个三输入与非门电路，要求采用行为描述方式、寄存器描述方式和结构体描述方式分别进行设计。

2. 以数据流的方式设计一个两位比较器，再以结构描述方式将已设计好的比较器连接起来，构成一个八位比较器。

4.3　有限状态机的设计

4.3.1　案例分析

我们知道，基本的数字电路包括组合逻辑电路和时序逻辑电路两大类，有限状态机(Finite State Machine，FSM)也是数字电路中的一类。有限状态机通常是组合电路与时序电路的组合，其中的时序逻辑部分通常用来实现控制功能，组合逻辑部分通常是完成信号的输入输出。

根据有限状态机的输出与当前状态和当前输入的关系，可以将有限状态分为 Moore 型有限状态机和 Mealy 型有限状态机两种基本类型。Moore 型有限状态机的输出只与状态机的当前状态有关，与输入信号的当前值无关，输入对输出的影响要到下一个时钟周期才能反映出来；Mealy 型有限状态机的输出不仅与当前状态有关，也与输入信号的当前值有关。

实际上，这两种状态机可以实现同样的功能，实际的数字系统也是灵活多样的，因此，本节仅介绍有限状态机的功能特点和设计方法，不去区分状态机的类型。

【例 4-18】　用状态机描述步进电机双三拍脉冲分配器。

分析：该电路的输入端包括清零、时钟，输出为三位端口。电路功能详见状态转换图(见图 4-14)。

以下是双三拍脉冲分配器的 VHDL 程序：

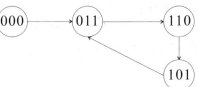

图 4-14　双三拍脉冲分配器状态转换图

```
library ieee;
use ieee.std_logic_1164.all;
entity index is
port(cp:   in std_logic;
     rst:  in std_logic;
     y:    out std_logic_vector(0 to 2));
end index;

architecture behv of index is
type states is (st0, st1, st2, st3);           --自定义 states 为 4 值枚举型数据类型
signal current_state, next_state:  states;     --定义状态变量
begin
process(cp)                                    --时序逻辑进程
begin
if rst = '1'   then current_state <= st0;
elsif rising_edge(cp) then
current_state <= next_state;
```

```
        end if;
        end process;

        process(current_state)                    --组合逻辑进程
        begin
        case current_state is
        when st0 => y <= "000"; next_state <= st1;
        when st1 => y <= "011"; next_state <= st2;
        when st2 => y <= "110"; next_state <= st3;
        when st3 => y <= "101"; next_state <= st1;
        end case;
        end process;
        end behv;
```

设计要点：

(1) 用 VHDL 设计状态机，需要在说明部分定义"状态"数据类型(states)，并定义信号"现态"(current_state)、"次态"(next_state)为此类型。在功能描述部分用时序逻辑进程和组合逻辑进程分别描述状态机的工作方式和各状态间的关系。

(2) TYPE 命令定义 states 为枚举型数据类型，取值包括 st0、st1、st2、st3。

4.3.2　知识点

1．用 VHDL 设计有限状态机

用 VHDL 设计的状态机一般由以下几部分组成：

1) 说明部分

在说明部分中要用 TYPE 语句定义新数据类型，一般用枚举类型，它的每一个取值均代表系统工作时的一个状态，状态名可任意选取。然后使用这个新的数据类型定义若干个状态变量，状态变量要定义为信号，以便在各个进程间传递信息。

说明部分一般放在 ARCHITECTURE 和 BEGIN 之间：

```
        ARCHITECTURE … IS
        TYPE    states    IS (st0, st1, st2, st3)        --定义新的数据类型和状态名
        SIGNAL    current_state, next_state: states;      --定义两个状态变量
        …
        BEGIN
        …
```

2) 主控时序进程

实际的状态机一般都是在外部时钟信号的控制下，以同步方式工作的，因此，状态机中必须包含一个对时钟信号敏感的进程，作为状态机的"驱动泵"。当时钟信号到来时，状态机的状态才发生变化。一般地，在主控时序进程中只是将代表下一状态的状态变量(信号)的值送给代表当前状态的状态变量，而状态变量的具体内容则由其他进程来决定。当然，

此进程中也可放置一些清零或复位方面的控制信号。总的来说，主控时序进程的设计比较单一和简单。

3) 主控组合进程

主控组合进程的任务是根据外部输入的控制信号(包括来自状态机内部的其他进程的信号)和(或)当前的状态值确定下一状态的取值，以及确定对外输出或对内部其他进程输出控制信号的内容。

通常一个状态机应至少由两个进程构成，即一个主控时序进程和一个主控组合进程。主控时序进程作为"驱动泵"，描述时序逻辑，包括寄存器状态的输出；主控组合进程描述组合逻辑，包括进程间状态值的传递以及状态转换值的输出(如图 4-15 所示)。当然，必要时还可引入其他进程，以完成其他的逻辑功能。

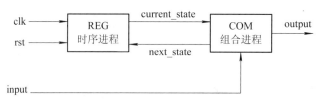

图 4-15　状态机一般结构图

下面采用状态机的设计方法，实现一个序列检测器的设计。

序列检测器可用于检测二进制码组成的脉冲序列信号，当序列检测器接收到一组串行二进制码后，如果这组码与序列检测器中预先设置的码相同，则输出 1，表示检测到正确的序列码，否则输出 0。

由于这种检测的关键在于序列码的接收必须是连续的，因此要求检测器必须记住前一次的码以及正确的序列，直到在连续的检测中所收到的每一位码都与预置的码相同。状态机用于序列检测器的设计比其他方法更能显示其优越性。

例 4-19 描述的检测器完成对 8 位序列码"11001000"的检测，当输入序列信号左移(高位在前)进入检测器后，若与预置的序列码相同则输出 1，否则输出 0。因为要求检测的序列码有 8 位，所以需要 9 个状态(S0～S8)，分别代表初始状态以及检测到 1 位、2 位、…、8 位正确的数据。

【例 4-19】 序列检测器有限状态机 VHDL 描述。

```
library ieee;
use ieee.std_logic_1164.all;
entity detector is
port(clk, rst, x:  in std_logic;                --时钟信号/复位信号/串行数据输入端
          z:   out std_logic);                  --检测结果输出
end detector;
architecture be of detector is
    type states is(s0,s1,s2,s3,s4,s5,s6,s7,s8);  --定义状态
    signal cs,ns:states;                         --定义现态变量和次态变量
begin
```

```
process(clk,rst)                          --时序进程，规定状态转换条件
begin
if rst='1' then cs<=s0;
elsif rising_edge(clk) then
     cs<=ns;
end if;
end process;
process(cs,x)                             --组合进程，规定状态转换方式
begin
case cs is                                --11001000
when s0 =>z<='0'; if x='1' then ns<=s1;else ns<=s0;end if;
when s1 =>z<='0'; if x='1' then ns<=s2;else ns<=s0;end if;
when s2 =>z<='0'; if x='0' then ns<=s3;else ns<=s2;end if;
when s3 =>z<='0'; if x='0' then ns<=s4;else ns<=s1;end if;
when s4 =>z<='0'; if x='1' then ns<=s5;else ns<=s0;end if;
when s5 =>z<='0'; if x='0' then ns<=s6;else ns<=s2;end if;
when s6 =>z<='0'; if x='0' then ns<=s7;else ns<=s1;end if;
when s7 =>z<='0'; if x='0' then ns<=s8;else ns<=s1;end if;
when s8 =>z<='1'; if x='1' then ns<=s1;else ns<=s0;end if;
end case;
end process;
end be;
```

序列检测器的具体分析如下：

(1) 检测器状态机初始为 S0 状态：当接收到的一位串行码为 '1'，则状态机进入到 S1 状态，因为 1 是序列码的第一位，否则停留在 S0 状态。

(2) 检测器状态机在 S1 状态：当接收到的一位串行码为 '1'，则状态机进入到 S2 状态，因为 11 是序列码的前两位，否则返回到 S0 状态，因为 10 不是序列码的前两位码，因此要返回到初始状态重新开始。

(3) 检测器状态机在 S2 状态：当接收到的一位串行码为'0'，则状态机进入到 S3 状态，因为 110 是序列码的前三位，否则停留在 S2 状态，因为 111 不是序列码的前三位，但 11 是序列码的前两位。

(4) 检测器状态机在 S3 状态：当接收到的一位串行码为'0'，则状态机进入到 S4 状态，因为 1100 是序列码的前四位，否则返回到 S1 状态，因为 1101 不是序列码的前四位，但刚刚接收到的 '1' 是序列码的第一位，因此要返回到 S1 状态。

(5) 检测器状态机在 S4 状态：当接收到的一位串行码为 '1'，则状态机进入到 S5 状态，因为 11001 是序列码的前五位，否则返回到 S0 状态，因为 11000 不是序列码的前五位，因此要返回到初始状态重新开始。

(6) 检测器状态机在 S5 状态：当接收到的一位串行码为 '0'，则状态机进入到 S6 状态，因为 110010 是序列码的前六位，否则返回到 S2 状态，因为 110011 不是序列码的前六位，

但 11 是序列码的前两位。

(7) 检测器状态机在 S6 状态：当接收到的一位串行码为 '0'，则状态机进入到 S7 状态，因为 1100100 是序列码的前七位，否则返回到 S1 状态，因为 1100101 不是序列码的前七位，但刚刚接收到的 '1' 是序列码的第一位。

(8) 检测器状态机在 S7 状态：当接收到的一位串行码为 '0'，则状态机进入到 S8 状态，因为 11001000 是所要检测的序列码，否则返回到 S1 状态，因为 11001001 不是所要检测的序列码，但刚刚接收到的'1'是所要检测的序列码的第一位。

(9) 检测器状态机在 S8 状态：此时意味着检测到了正确的序列码，输出正确标志 z='1'，当下一位数据为 '1' 时，进入状态 S1，因为 1 是所要检测的序列码的第一位，否则返回到初始状态 S0。

序列检测器仿真波形如图 4-16 所示。

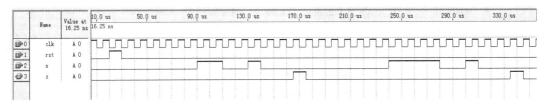

图 4-16　序列检测器仿真波形

2. 自定义数据类型

可由用户自定义的数据类型有多种，如枚举类型(ENUMERATION TYPES)、数组类型(ARRAY TYPES)等，用户自定义数据类型要用类型定义语句 TYPE 或子类型定义语句 SUBTYPE。TYPE 定义的数据类型应该是全新的。TYPE 语句的语法格式如下：

　　　　TYPE　数据类型名　IS　数据类型定义　OF　基本数据类型；

或：

　　　　TYPE　数据类型名　IS　数据类型定义；

如：

　　　　TYPE　byte　IS　ARRAY (7 DOWNTO 0)　OF　BIT;

　　　　VARIABLE　V1:　　byte;　-- V1 的数据类型定义为 byte

又如：可以将一组表示颜色的文字组合起来定义成一个新的数据类型。

　　　　TYPE　colour　IS　(red, green, yellow, blue, violet);

　　　　…

　　　　a <= colour '(red);　　--将 red 的代码赋给信号 a

3. 枚举类型

用文字符号表示一组实际的二进制数。

如：

　　　　TYPE　m_state　IS　(state1, state2, state3, state4, state5);

　　　　SIGNAL　present_state, next_state:　m_state;

信号 present_state 和 next_state 的数据类型定义为 m_state，它们的取值是可枚举的，从 state1 到 state5 共五种，这些状态表示五组唯一的二进制数值。

枚举类型也可以直接用数值来定义，但必须使用单引号。如：

    TYPE　my_logic IS ('1', 'Z', 'U', '0');
    SIGNAL　s1: my_logic;
        S1 <= 'z';
    TYPE　std_logic　IS ('U', 'X', '0', '1', 'Z',
                        'W', 'L', 'H', '-');
    SIGNAL　sig: STD_LOGIC;
            sig <= 'z';

4.3.3　相关知识

Quartus Ⅱ自带图形化状态机输入工具，该工具有向导，可以输入状态、输入输出端口、状态转移条件，然后生成 HDL 文件。通过参数设置和图形编辑即可完成状态机设计。以例 4-18 为例，方法如下：

(1) 在 Quartus Ⅱ的工程管理窗下新建文件，选择状态机文件(见图 4-17)，打开状态机图形编辑窗，即选择 File→New→State Machine File。

(2) 在工具菜单下选择状态机编辑工具，即选择 Tools→State Machine Wizard(见图 4-18)。

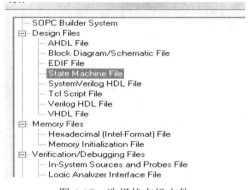

图 4-17　选择状态机文件

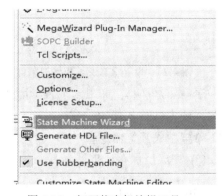

图 4-18　打开状态机编辑工具

(3) 在如图 4-19 所示的对话框中选择生成一个新的状态机，然后选择复位信号控制方式和有效方式。

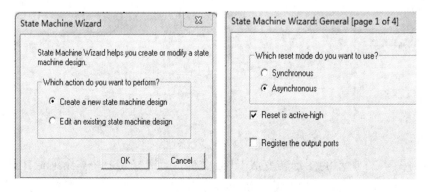

图 4-19　新建状态机

可以通过向导指定状态机复位逻辑是同步还是异步复位，还可以指定高电平或者低电平复位。

这里选择异步复位和高电平有效。

(4) 在状态机编辑器对话框中设置状态元素、输入输出信号、状态转换条件等(见图 4-20 和图 4-21)。

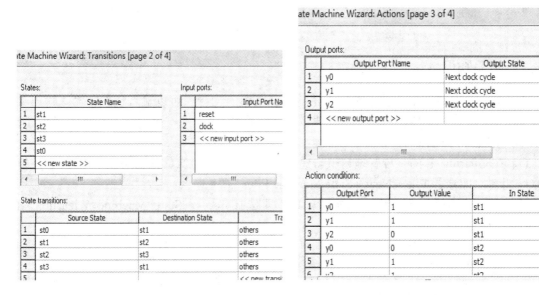

图 4-20　设置状态变量和转换条件　　　　　　图 4-21　设置输出

需要注意的是，使用该工具生成状态机逻辑，不能使用 &&、|| 操作符，+、- 等运算符来作为状态转移条件的一部分。条件必须是很简单的高、低电平，比较，取反等符号。如果不希望生成锁存器逻辑，那么需要为每一个状态指定 OTHERS 条件。

(5) 完成后保存，扩展名是.smf (见图 4-22)。

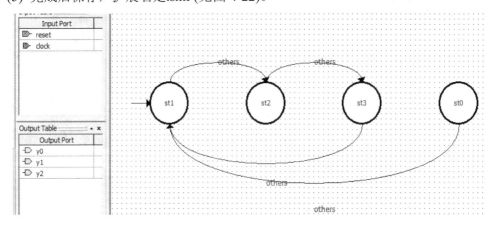

图 4-22　生成状态图

(6) 可将图 4-22 所示的图形转变成 HDL 文件，即选择 Tool→Generate HDL File(见图 4-23)。

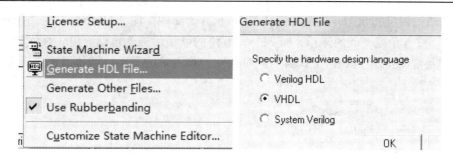

图 4-23　图形转变成 HDL 文件

4.3.4　练习与测评

一、填空题

1. 任何数字系统都可分为控制单元和数据通道两部分，数据通道通常由组合逻辑电路构成，而控制单元通常由时序逻辑电路构成，任何_____逻辑电路都可以表示为有限状态机。使用状态机，执行的速度主要受_____状态到_____状态所需时间的影响。

2. 根据有限状态机的输出与当前状态和当前输入的关系，可将有限状态机分为_____型和_____型有限状态机两种，选择哪种状态机要根据实际情况分析决定。

3. 状态机一般由：_____、_____、_____、普通组合进程和普通时序进程等部分构成。

二、设计题

1. 能自启动的七进制计数器管脚图如图 4-24 所示。请使用状态机进行设计。

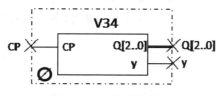

图 4-24　七进制计数器

管脚说明：CP—时钟信号；Q【2..0】—状态输出；Y—进位输出。

2. 串行数据检测器状态转换图如图 4-25 所示，管脚图如图 4-26 所示。当连续输入 3 个或 3 个以上的 1 时输出为 1，其他输入情况下输出为 0。请使用状态机进行设计。

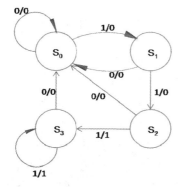

图 4-25　串行数据检测器状态转换图

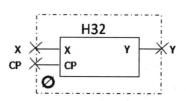

图 4-26　串行数据检测器管脚图

3. 自动销售机的状态转换图如图 4-27 所示，管脚图如图 4-28 所示。它的投币口每次只能投入一枚五角或一元的硬币。投入一元五角的硬币后机器自动给出一杯饮料；投入两元(两枚一元)的硬币后，在给出饮料的同时找回一枚五角的硬币。请使用状态机进行设计。

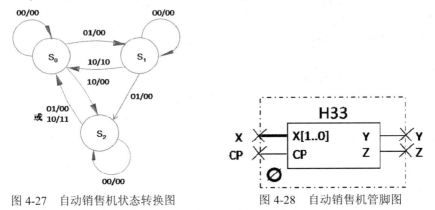

图 4-27　自动销售机状态转换图　　　　　　图 4-28　自动销售机管脚图

4. 设计一个有限状态机，输入端和输出端分别对应的是 A、B 和 OUTPUT，时钟信号为 CLK，有 7 个状态，即 S0、S1、S2、S3、S4、S5 和 S6。状态机的工作方式是：当 BA=00 时，随 CLK 向下—状态转换，输出 1；当 BA=01 时，随 CLK 逆向转换，输出 1；当 BA=10 时，保持原状态，输出 0；当 BA=00 时，返回初始状态 S0，输出 1。

要求如下：

(1) 画出状态转换图。

(2) 用 VHDL 描述该状态机，并编译仿真。

(3) 假如为此状态机设置异步清零输入信号，应如何修改原 VHDL 程序，并编译仿真。

(4) 若为同步清零信号输入，试修改原 VHDL 程序，并编译仿真。

第 5 章 综 合 训 练

本章介绍四个具有一定综合性的设计案例，这些案例综合运用了前面各章节所学的内容，通过这些案例的学习和实际操作，读者能进一步体会 EDA "自顶向下"的设计方法，掌握层次化设计方法，并进一步掌握 EDA 设计流程及 VHDL 的设计方法。

5.1　任务一：占空比可调分频器的设计

5.1.1　案例分析

本节案例是对占空比可调分频器的设计。

占空比(Duty Cycle)是指周期性脉冲信号的高电平占整个周期的比率；分频是指将一个周期性信号的频率降低为原来的 1/N，就叫 N 分频，N 称为分频系数。

本案例要求设计一个占空比可调的分频器，即对输入的标准时钟信号进行分频，且能改变信号的占空比。通过两组预置数据 A 和 B 来改变分频数和占空比。A 和 B 的值决定分频系数和占空比。

我们知道，计数器可以实现分频功能，计数器的模即为分频系数，改变计数器的预置值，即可改变分频系数。根据设计要求，本案例采用两个 8 位可预置计数器和一个 D 触发器构成(见图 5-1)。两个计数器的预置数 A 和 B 分别控制输出信号高低电平的宽度，从而既可以改变分频系数，也可以改变占空比。

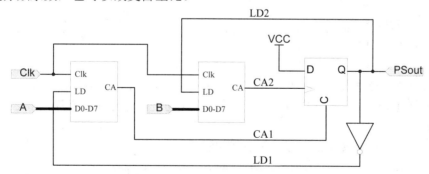

图 5-1　占空比可调分频器原理图

5.1.2　案例设计

根据案例分析及原理图，我们先进行相关底层模块的设计。

(1) 8 位可预置计数器模块的 VHDL 设计(cnt8.vhd)，其符号图如图 5-2 所示。

```
LIBRARY IEEE;
```

```
USE IEEE.STD_LOGIC_1164.ALL;

ENTITY cnt8 IS
    PORT(Clk, LD:      IN STD_LOGIC;
                 D:    IN   INTEGER RANGE 0 TO 255;
                 CA:      OUT STD_LOGIC);
END cnt8;
```

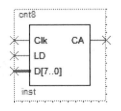

图 5-2   8 位可预置计数器符号图

```
ARCHITECTURE behav OF cnt8 IS
    SIGNAL COUNT:    INTEGER RANGE 0 TO 255;
BEGIN
    PROCESS(Clk)
    BEGIN
        IF RISING_EDGE(Clk) THEN
            IF LD = '1' THEN
                COUNT <= D;
            ELSE
                COUNT <= COUNT+1;
            END IF;
        END IF;
    END PROCESS;
    PROCESS(COUNT)
    BEGIN
        IF COUNT = 0 THEN CA <= '1';
            ELSE CA <= '0';
        END IF;
    END PROCESS;
END behav;
```

Clk 为计数信号输入端，D 为预置数输入端，LD 为预置使能信号，当 LD=1 时，将 D 端的数据预置给计数器，当 LD=0 时开始计数，CA 为进位输出端，当计数值达到 255 后，CA 输出 1。

8 位可预置计数器模块仿真波形图如图 5-3 所示。

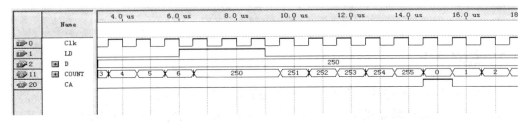

图 5-3   8 位可预置计数器模块仿真波形图

(2) D 触发器模块的 VHDL 设计(d_ff.vhd)，其符号图如图 5-4 所示。

```
 library ieee;
use ieee.std_logic_1164.all;

entity d_ff is
port(cp:    in bit;
     d, rst:   in std_logic;
     q, nq:    out std_logic);
end entity;

architecture gn of d_ff is
signal xh:    std_logic;
begin
    process(cp)
    begin
       if rst = '1' then xh <= '0';
       elsif cp'event and cp = '1' then
            xh <= d;
       end if;
    end process;
q <= xh;
nq <= not xh;
end gn;
```

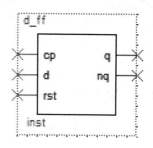

图 5-4　D 触发器符号图

(3) 顶层电路的原理图设计(clk_div.bdf)。

在各底层模块编译通过，并且功能验证正确后，再建立顶层文件。把两个计数器的器件"组装"起来，构成占空比可调分频器(见图 5-5)。

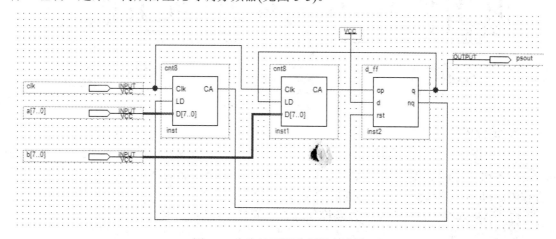

图 5-5　占空比可调分频器电路图

占空比可调分频器仿真波形图如图 5-6 所示。

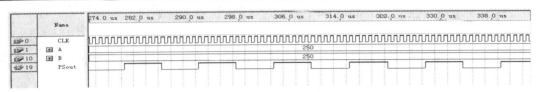

图 5-6　占空比可调分频器仿真波形图

5.1.3　思考题

1. 预置数 A、B 与分频系数和占空比是什么关系？写出表达式。

2. 若要求实现 9 分频，占空比为 1∶3，则 A、B 应设为何值？

3. 给这个分频器增加一个控制端 EN，当 EN = '0' 时分频器正常工作，EN = '1' 时停止工作。

5.2　任务二：可调数字电子钟设计

5.2.1　案例分析

1. 设计功能要求

电子钟结构图如图 5-7 所示，具体功能如下：

(1) 具有时、分、秒计数显示功能，以 24 小时循环计时。

(2) 具有清零，使能，调节小时、分钟的功能。

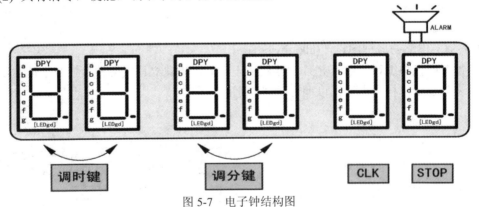

图 5-7　电子钟结构图

2. 设计内容

(1) 根据电路特点，用层次设计方法，将此设计任务分成若干模块，规定每一模块的功能和各模块之间的接口。可以多人分别编程和调试，然后再将各模块联机联试，以培养合作者之间的合作精神，同时加深层次化设计概念。

(2) 了解器件管理的含义，以及模块器件之间的连接概念。

3. 设计步骤

(1) 根据系统设计要求，采用"自顶向下"设计方法，由秒计数模块、分计数模块、时计数模块、动态扫描显示模块和 7 段译码模块五部分组成。画出系统的原理框图，说明系统中各主要组成部分的功能。

(2) 编写各个模块的 VHDL 程序。

(3) 编好用于系统仿真的仿真测试文件。

(4) 根据选用的目标芯片及开发平台进行管脚锁定。

(5) 记录系统仿真、硬件测试结果。

(6) 记录实验过程中出现的问题及解决办法。

5.2.2　相关知识点

1. 静态和动态显示原理

点亮 LED 显示器有静态和动态两种方法。所谓静态显示，就是显示某一字符时，相应的发光二极管恒定导通或截止。这种方法，每一显示位都需要一个 8 位的输出口控制，占用的硬件较多，一般仅用于显示位数较少的场合。而动态显示就是一位一位地轮流点亮各位显示器，对每一位显示器而言，每隔一段时间点亮一次，利用人的视觉暂留感达到显示的目的。显示器的亮度跟导通的电流有关，也和点亮的时间与间隔的比例有关。动态显示器因其硬件成本较低而得到广泛的应用。

为了显示字符和数字，要为 LED 显示器提供显示段码(或称字形代码)，组成一个 "8" 字形的 7 段，再加上一个小数点位，共计 8 段，因此提供 LED 显示器的显示段码为 1 个字节。各段码的对应关系如表 5-1 所示。

表 5-1　各段码的对应关系

段码位	D_7	D_6	D_5	D_4	D_3	D_2	D_1	D_0
显示段	dp	g	f	e	d	c	b	a

用 LED 显示器显示十六进制数和空白及 P 的显示段码，如表 5-2 所示。从 LED 显示器的显示原理可知，为了显示字母和数字，必须将显示段码转换成相应的段选码。这种转换可以通过硬件译码器或软件进行译码。

表 5-2　十六进制数及空白与 P 的显示段码

字形	共阳极段码	共阴极段码	字形	共阳极段码	共阴极段码
0	C0H	3FH	9	90H	6FH
1	F9H	06H	A	88H	77H
2	A4H	5BH	B	83H	7CH
3	B0H	4FH	C	C6H	39H
4	99H	66H	D	A1H	5EH
5	92H	6DH	E	86H	79H
6	82H	7DH	F	84H	71H
7	F8H	07H	空白	FFH	00H
8	80H	7FH	P	8CH	73H

2. 电子钟设计原理

在一块 FPGA 芯片上集成如下电路模块：

(1) 时钟计数：

秒——六十进制 BCD 码计数。

分——六十进制 BCD 码计数。

时——二十四进制 BCD 码计数。

同时，整个计数器有清零、使能、调时、调分功能。

(2) 6 位 8 段共阳极数码管动态扫描显示时、分、秒。

提供的 8421BCD 码，经译码电路后成为 8 段数码管的字形显示驱动信号 a、b、c、d、e、f、g。扫描电路通过可调时钟输出片选驱动信号，片选地址为 SEL[5..0]。由 SEL[5..0] 和 LED[6..0](a, b, c, d, e, f, g)、dp 决定了 8 位中的哪一位显示和显示什么字形。SEL[5..0] 变化的快慢决定了扫描频率的快慢。

5.2.3　案例设计

1. 原理图

电子钟原理图如图 5-8 所示(模块化设计)，说明如下。

(1) 模块说明：各模块都用 VHDL 编写。

(2) 秒计数及时钟控制模块：SECOND.VHD。

(3) 分计数及时钟控制模块：MINUTE.VHD。

(4) 时计数及时钟控制模块：HOUR.VHD。

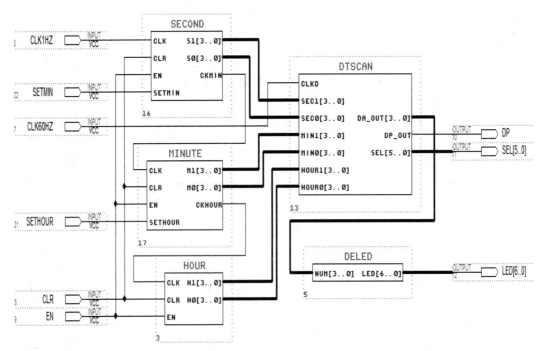

图 5-8　电子钟电路原理图

(5) 动态扫描显示模块：DTSCAN.VHD。

(6) 7 段译码模块：DELED.VHD。

2．参考 VHDL 源程序

(1) 秒计数及时钟控制模块的 VHDL 源程序(second.vhd)。

```
LIBRARY IEEE;
USE IEEE.STD_LOGIC_1164.ALL;
USE IEEE.STD_LOGIC_UNSIGNED.ALL;
ENTITY SECOND IS
    PORT(CLK: IN STD_LOGIC;                    --系统时钟信号 1 Hz
        CLR, EN: IN STD_LOGIC;                 --系统内部清零和使能时钟信号
        SETMIN: IN STD_LOGIC;                  --秒时钟调整按键信号
        S1, S0: OUT STD_LOGIC_VECTOR(3 DOWNTO 0);
                                               --秒数的 2 个数字，可显示在 7 段显示器中
        CKMIN:    OUT STD_LOGIC);              --秒进位位信号
END SECOND;
ARCHITECTURE BEHAV OF SECOND IS
    SIGNAL Q1, Q0:    STD_LOGIC_VECTOR(3 DOWNTO 0);
BEGIN
PROCESS(CLK, CLR, EN)                -- SETMIN
BEGIN
    IF CLR = '1' THEN
        Q1 <= "0000"; Q0 <= "0000";
        CKMIN <= '0';
    ELSE
        IF(CLK'EVENT AND CLK = '1') THEN
            IF(EN = '1') THEN
                IF SETMIN = '1' THEN
                    CKMIN <= '1';
                ELSIF(Q1 = "0101" AND Q0 = "1001") THEN
                    CKMIN<='1';
                    Q1 <= "0000"; Q0 <= "0000";
                ELSE
                    IF(Q0 < "1001") THEN
                        Q0 <= Q0+1;
                    ELSE
                        Q0 <= "0000";
                        IF(Q1 < "0101") THEN
                            Q1 <= Q1+1;
```

```
                END IF;
              END IF;
            CKMIN <= '0';
          END IF;
        END IF;
      END IF;
    END IF;
  S1 <= Q1;
  S0 <= Q0;
END PROCESS;
END BEHAV;
```

秒计数及时钟控制模块仿真波形图如图 5-9 所示。

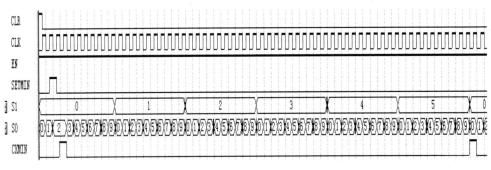

图 5-9　秒计数及时钟控制模块仿真波形图

(2) 分计数及时钟控制模块 VHDL 程序(minute.vhd)。

```
LIBRARY IEEE;
USE IEEE.STD_LOGIC_1164.ALL;
USE IEEE.STD_LOGIC_UNSIGNED.ALL;
ENTITY MINUTE IS
    PORT(CLK: IN STD_LOGIC;              --系统时钟信号 1 Hz
        CLR, EN: IN STD_LOGIC;           --系统内部清零和使能时钟信号
        SETHOUR:    IN STD_LOGIC;        --分时钟调整按键信号
        M1, M0: OUT STD_LOGIC_VECTOR(3 DOWNTO 0);
                                         --分钟数的 2 个数字,可显示在 7 段显示器中
        CKHOUR: OUT STD_LOGIC);          --分进位位信号
END MINUTE;
ARCHITECTURE BEHAV OF MINUTE IS
    SIGNAL Q1, Q0:    STD_LOGIC_VECTOR(3 DOWNTO 0);
BEGIN
PROCESS(CLK, CLR, EN)                    --SETHOUR
BEGIN
    IF CLR = '1' THEN
```

```
        Q1 <= "0000"; Q0 <= "0000";
        CKHOUR <= '0';
    ELSE
        IF(CLK'EVENT AND CLK = '1') THEN
        IF(EN = '1') THEN
        IF SETHOUR = '1' THEN
            CKHOUR <= '1';
                ELSIF(Q1 = "0101" AND Q0 = "1001") THEN
                    CKHOUR <= '1';
                Q1 <= "0000"; Q0 <= "0000";
                    ELSE
                    IF(Q0 < "1001") THEN
                        Q0 <= Q0+1;
                        ELSE
                        Q0 <= "0000";
                            IF(Q1 < "0101") THEN
                            Q1 <= Q1+1;
                                END IF;
                            END IF;
                            CKHOUR <= '0';
                            END IF;
                            END IF;
                            END IF;
                            END IF;
                            M1 <= Q1;
                            M0 <= Q0;
        END PROCESS;
    END BEHAV;
```

分计数及时钟控制模块仿真波形图如图 5-10 所示。

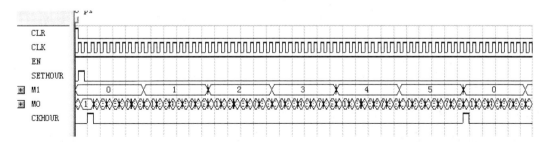

图 5-10　分计数及时钟控制模块仿真波形图

(3) 时计数及时钟控制模块 VHDL 源程序(hour.vhd)。

```
LIBRARY IEEE;
```

```vhdl
USE IEEE.STD_LOGIC_1164.ALL;
USE IEEE.STD_LOGIC_UNSIGNED.ALL;
ENTITY HOUR IS
    PORT(CLK:      IN STD_LOGIC;                    --系统时钟信号 1 Hz
         CLR, EN:   IN STD_LOGIC;                   --系统内部清零和使能时钟信号
         H1, H0:    OUT STD_LOGIC_VECTOR(3 DOWNTO 0));
                                                    --时数的 2 个数字，可显示在 7 段显示器中
END HOUR;
ARCHITECTURE BEHAV OF HOUR IS
    SIGNAL Q1, Q0:    STD_LOGIC_VECTOR(3 DOWNTO 0);
BEGIN
    PROCESS(CLK, CLR, EN)
    BEGIN
        IF CLR = '1' THEN
            Q1 <= "0000"; Q0 <= "0000";
        ELSE
            IF(CLK'EVENT AND CLK = '1') THEN
                IF(EN = '1') THEN
                    IF(Q1 = "0010" AND Q0 = "0011") THEN
                        Q1 <= "0000"; Q0 <= "0000";
                    ELSE
                        IF((Q1 < "0010" AND Q0 < "1001") OR (Q1 = "0010" AND Q0 < "0011"))THEN
                            Q0 <= Q0+1;
                        ELSE
                            Q0 <= "0000";
                            IF(Q1 < "0010") THEN
                                Q1 <= Q1+1;
                            END IF;
                        END IF;
                    END IF;
                END IF;
            END IF;
        END IF;
        H1 <= Q1;
        H0 <= Q0;
    END PROCESS;
END BEHAV;
```

时计数及时钟控制模块仿真波形图如图 5-11 所示。

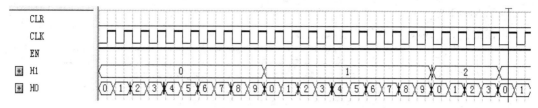

图 5-11 时计数及时钟控制模块仿真波形图

(4) 动态扫描显示模块 VHDL 程序(dtscan.vhd)。

```
LIBRARY IEEE;
USE IEEE.STD_LOGIC_1164.ALL;
USE IEEE.STD_LOGIC_UNSIGNED.ALL;
USE IEEE.STD_LOGIC_ARITH.ALL;
ENTITY DTSCAN IS
    PORT(CLKD:   IN STD_LOGIC;
        SEC1, SEC0:   IN STD_LOGIC_VECTOR(3 DOWNTO 0);
        MIN1, MIN0:   IN STD_LOGIC_VECTOR(3 DOWNTO 0);
      HOUR1, HOUR0:   IN STD_LOGIC_VECTOR(3 DOWNTO 0);
            DA_OUT:   OUT STD_LOGIC_VECTOR(3 DOWNTO 0);
            DP_OUT:   OUT STD_LOGIC;
                SEL: OUT STD_LOGIC_VECTOR(5 DOWNTO 0));
END DTSCAN;
ARCHITECTURE ART OF DTSCAN IS
    SIGNAL COUNT: STD_LOGIC_VECTOR(2 DOWNTO 0);
BEGIN
    PROCESS(CLKD)
        BEGIN
            IF (CLKD'EVENT AND CLKD = '1') THEN
                IF (COUNT < "110") THEN COUNT <= COUNT+1;
                ELSE COUNT <= "000";
                END IF;
            END IF;
            CASE COUNT IS
            WHEN "000" => DA_OUT <= SEC0; DP_OUT <= '0'; SEL <= "111110";
            WHEN "001" => DA_OUT <= SEC1; DP_OUT <= '1'; SEL <= "111101";
            WHEN "010" => DA_OUT <= MIN0; DP_OUT <= '0'; SEL <= "111011";
            WHEN "011" => DA_OUT <= MIN1; DP_OUT <= '1'; SEL <= "110111";
            WHEN "100" => DA_OUT <= HOUR0; DP_OUT <= '0'; SEL <= "101111";
            WHEN OTHERS => DA_OUT <= HOUR1; DP_OUT <= '1'; SEL <= "011111";
            END CASE;
    END PROCESS;
```

END ART;

动态扫描显示模块仿真波形图如图 5-12 所示。

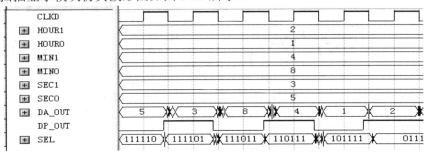

图 5-12　动态扫描显示模块仿真波形图

(5) 7 段译码显示模块的 VHDL 程序(deled.vhd)。

```
LIBRARY IEEE;
USE IEEE.STD_LOGIC_1164.ALL;
USE IEEE.STD_LOGIC_UNSIGNED.ALL;
ENTITY DELED IS
    PORT(NUM:    IN STD_LOGIC_VECTOR(3 DOWNTO 0);
         LED:    OUT STD_LOGIC_VECTOR(6 DOWNTO 0));
END DELED;
ARCHITECTURE ART OF DELED IS
    SIGNAL SEG:   STD_LOGIC_VECTOR(6 DOWNTO 0);
    IGNAL DIS:    STD_LOGIC_VECTOR(3 DOWNTO 0);
BEGIN
    LED <=   "1000000" WHEN NUM = 0 ELSE            --共阳
             "1111001" WHEN NUM = 1 ELSE
             "0100100" WHEN NUM = 2 ELSE
             "0110000" WHEN NUM = 3 ELSE
             "0011001" WHEN NUM = 4 ELSE
             "0010010" WHEN NUM = 5 ELSE
             "0000010" WHEN NUM = 6 ELSE
             "1111000" WHEN NUM = 7 ELSE
             "0000000" WHEN NUM = 8 ELSE
             "0010000" WHEN NUM = 9 ELSE
             "1111111";
END ART;
```

7 段译码显示模块仿真波形图如图 5-13 所示。

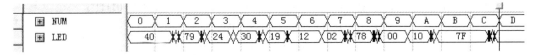

图 5-13　7 段译码显示模块仿真波形图

5.2.4 思考题

1. 如何增加整点报时的同时 LED 灯花样显示的功能？
2. 如何使扬声器在整点时有报时驱动信号产生(响声持续 5 s)？
3. LED 灯如何按要求在整点时有花样显示信号产生？
4. 用动态扫描电路实现显示功能的好处有哪些？

5.3 任务三：等精度频率计

5.3.1 案例分析

所谓频率，就是周期性信号在单位时间内变化的次数。频率测量的方法主要有直接测量法和间接测量法。直接测量法即在给定的闸门时间内测量被测信号的脉冲个数，也称脉冲计数法；间接测量法包括周期测频法、V-F 转换法等。这两种方法分别适用于测量高频信号和低频信号，本案例我们讨论的是脉冲计数法。

脉冲计数法的原理是，在给定的(已知的)闸门时间 Tg 内对被测脉冲信号进行计数，得到脉冲数 Nx，被测信号频率 Fx 通过下式求出：

$$Fx = \frac{Nx}{Tg} \tag{5-1}$$

式(5-1)计算出单位时间内脉冲个数，即被测信号的频率 Fx。

脉冲计数法的测量误差来源于闸门时间 Tg 和计数值 Nx，计数值 Nx 存在 ±1 个脉冲误差。如图 5-14 所示，闸门信号开启后，开始对被测信号的上升沿进行计数，在同样的闸门时间内，由于被测信号与闸门信号在时间上的相对位置不同，计数值可能相差 1 个，这就是 ±1 个脉冲误差。产生这种误差是由于被测信号与闸门信号不同步，而且两者之间也不是整数倍的关系。实际上，被测信号和闸门信号在时间上是随机出现的，两者没有同步关系，也无法保证是整数倍关系。

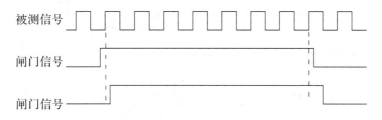

图 5-14 ±1 个脉冲误差示意图

另一方面，无论被测信号频率高或低，这种误差都是 1 个脉冲，因此，这种方法的测量精度是不定的。被测信号频率 Fx 与闸门时间 Tg 越大，测频精度越高，反之精度越低。

从以上分析可知，为了在较大的频率范围内保持恒定的测量精度，实现等精度测量，就需要在闸门信号和被测信号之间建立一种同步关系，使实际闸门时间内被测信号的周期数为整数。基于这种思想，我们采用一个 D 触发器来实现信号的同步(见图 5-15)。

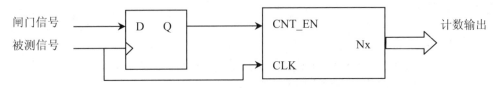

图 5-15　信号同步原理图

图 5-15 中 CNT_EN 为计数器使能端，CLK 为计数信号输入端，当 CNT_EN=1 时计数器开始计数。将被测信号作为 D 触发器的触发信号，当被测信号的上升沿到来，同时闸门信号也到来时，CNT_EN=1，计数器开始计数。

由于引入了 D 触发器，此时实际闸门信号变成了 CNT_EN 信号，CNT_EN 不会在闸门信号发生变化时立即变化，而是在被测信号上升沿到来时才发生变化，这就保证了 CNT_EN 与被测信号的同步，无论被测信号和闸门信号的发生时间怎样，CNT_EN 的宽度总是被测信号周期的整数倍，不会产生 ±1 个脉冲误差(见图 5-16)。

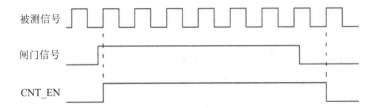

图 5-16　信号同步时序图

从图 5-16 中还可以看出，虽然消除了 ±1 个脉冲误差，但 CNT_EN 信号的开启时间与闸门信号的开启时间并不相等，因此不能直接用式(5-1)来计算被测频率。为解决这一问题，我们引入一路标准时钟信号和另一个计数器，在测量被测信号频率的同时，对标准时钟信号进行计数，再通过换算得到被测信号频率(见图 5-17)。

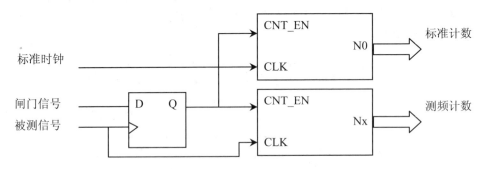

图 5-17　等精度测频电路结构图

在图 5-17 中的 CNT_EN = 1 时，两个计数器同时对标准时钟信号和被测信号进行计数，由于两个计数器计数时间相等，可得：

$$\frac{N0}{F0} = \frac{Nx}{Fx}$$

整理得：

$$Fx = \frac{F0 \times Nx}{N0} \tag{5-2}$$

其中，N0 为标准时钟计数值；F0 为标准时钟频率(已知)；Nx 为被测信号计数值；Fx 为被测信号频率。

由式(5-2)可知，由于引入了标准时钟信号，所以不需要知道实际闸门时间即可得到被测频率。测频精度取决于标准时钟信号的精度，而触发器的引入，使得允许计数周期总是被测信号周期的整数倍，这正是等精度频率测量的关键。

不难看出，对标准时钟信号的测量仍然存在 ±1 个脉冲误差。标准时钟信号通常由石英晶体振荡器产生，频率的精度和稳定度都很高，而且通常比被测信号频率高得多，因此大大提高了频率测量范围和测量精度。

5.3.2　案例设计

本案例采用层次化设计方法，先进行计数器的设计。程序代码如下：

```vhdl
library ieee;
use ieee.std_logic_1164.all;
use ieee.std_logic_unsigned.all;
entity cnt is
port(   clk:    in std_logic;
      cnt_en:   in std_logic;
         clr:   in std_logic;
        cout:   buffer std_logic_vector(15 downto 0));
end entity cnt;

architecture be of cnt is
begin
process(clk, clr)
begin
if clr = '1' then
    cout <= (others => '0');
    elsif rising_edge(clk) then
    if cnt_en = '1' then
    cout <= cout+1;
    end if;
end if;
end process;
end architecture be;
```

这是一个异步清零、同步使能 16 位二进制计数器，顶层文件采用原理图方式，调用两个计数器和一个 D 触发器组成(见图 5-18)。

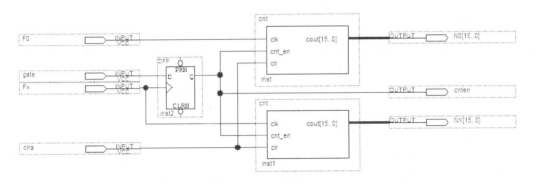

图 5-18　等精度频率计

图 5-19 所示的是仿真结果，在设置仿真信号时，将被测信号 Fx 的周期设为标准信号 F0 的十倍。从仿真波形图可以看到，计数结果符合预期，达到了设计要求。

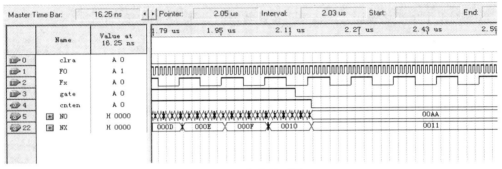

图 5-19　仿真波形图

与传统频率计相比，采用 EDA 方法，基于 FPGA 的等精度频率计不仅设计过程简单快捷，而且电路稳定可靠。由于 FPGA 的工作频率可以轻易达到数百 MHz，故频率测量范围和精度都得到了大幅提升。若标准时钟信号为 100 MHz，实际闸门时间为 1 s，则理论上的测量精度可达 10^{-8} 量级。

5.3.3　思考题

1. 为什么标准时钟信号频率应比被测信号频率高？若不满足此条件会有什么问题？
2. 本案例是等精度频率测量的核心模块，作为一个实用的频率计还需要增加哪些功能？请提出一个完整的设计方案。

5.4　任务四：DDS 信号源的设计

5.4.1　案例分析

DDS(Direct Digital Synthesis)即直接数字合成，是一种从相位出发直接合成所需要的波形的数字频率合成技术。同传统的频率合成技术相比，DDS 技术具有很高的频率分辨率，可以实现快速的频率变化，并且在频率改变时能保持相位连续，容易实现对信号频率、相位的多种调制，还具有易于功能扩展和数字化集成等优点，满足了现代电子系统的多种要求。

我们知道，正弦信号可以用下式来描述：

$$u(t) = \sin(2\pi f_o t) = \sin\theta(t) \tag{5-3}$$

式(5-3)中的时间 t 是连续的，为了用数字方式实现，必须进行离散化处理。

用周期为 T_{clk} 的基准时钟对信号进行采样，采样周期为 T_{clk}(采样频率 $f_{clk}=1/T_{clk}$)，不难看出，连续两次采样之间的相位增量为

$$\Delta\theta = 2\pi f_o T_{clk} = 2\pi \frac{f_o}{f_{clk}} \tag{5-4}$$

我们将整个周期 2π 分成 2N 份，则相位的量化单位 $\delta = 2\pi/2N$。若 $\Delta\theta = \delta$，代入式(5-4)可得 $f_o = f_{clk}/2N$。更一般的情况是 $\Delta\theta$ 为 δ 的 M 倍，即可得到输出信号的频率：

$$f_o = M \times \frac{f_{clk}}{2^N} \tag{5-5}$$

M 称为频率控制字(Tuning Word)。由式(5-5)可见，M 决定了输出信号的频率，且两者是简单的线性关系。可以看出，当采样频率一定时，通过控制两次连续采样之间的相位增量(即通过频率控制字 M)，即可控制离散波形序列的频率，经保持和滤波后，可唯一地恢复出此频率的模拟信号。这就是 DDS 的原理。

图 5-20 是 DDS 的基本结构。其中相位累加器可在每一个时钟周期来临时将频率控制字 M 所决定的相位增量累加一次，如果记数大于 2^N，则自动溢出；波形查找表实际是一个存储器(ROM)，其中存储着一个周期正弦波的幅度量化数据，用于实现从相位到幅度的转换。相位累加器的输出作为波形查找表的地址值，查找表根据输入的地址(相位)信息读出幅度信号，送到 DAC 中转变为模拟量，最后通过滤波器输出一个平滑的模拟信号。

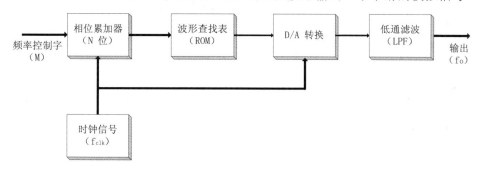

图 5-20 DDS 原理框图

根据式(5-5)，我们可以确定 DDS 的一些基本参数：

输出信号的分辨率(最小频率)

$$f_{min} = \frac{f_{clk}}{2^N} \tag{5-6}$$

此时每 2^N 个时钟周期输出一个周期的正弦波。

输出信号一个周期内的点数：

$$K = \frac{2^N}{M} \tag{5-7}$$

当 N 比较大时，对于较大范围内的 M 值，DDS 系统都可以在一个周期内输出足够的

点，保证输出波形失真很小。

当基准时钟确定后，输出信号频率(f_o)、频率控制字(M)之间必须满足采样定理，即 f_{clk} 应大于 f_o 的 2 倍。实际应用中，为保证输出波形的质量，f_{clk} 至少应为 f_o 的 4 倍。由于 D/A 转换电路的转换时间应小于 $1/f_{clk}$，因此 DDS 系统的时钟频率、信号输出频率主要由 DAC 的性能决定。

5.4.2　案例设计

Altera 公司的 Cyclone II 系列 FPGA 器件采用查找表(LUT)和嵌入式阵列块(EAB)相结合的结构模式。LUT 结构适用于实现高效的数据通道、增强型寄存器、数学运算及数字信号处理设计，而 EAB 结构可实现复杂的逻辑功能和存储器功能(每个 EAB 有 4 位的 RAM)。因此，在这类器件中可以很方便地实现相位累加器和波形查找表。

相位累加器和波形查找表是 DDS 的核心部分。下面给出的是一个实现相位累加器和波形查找表的 VHDL 程序。

```vhdl
LIBRARY IEEE;
USE IEEE.STD_LOGIC_1164.ALL;
USE IEEE.STD_LOGIC_UNSIGNED.ALL;
entity DDS is
    port(CLK: in STD_LOGIC;
        CLR: in STD_LOGIC;
          TW: in INTEGER RANGE 15 DOWNTO 0;          --定义频率控制字
          DD: out INTEGER RANGE 255 DOWNTO 0);
end;
architecture DACC of DDS is
signal Q: INTEGER RANGE 63 DOWNTO 0;                --相位信号，即波形 ROM 地址
signal D: INTEGER RANGE 255 DOWNTO 0;
begin
process(CLK, CLR)
begin
    if CLR = '0'    then Q <= 0;
    elsif rising_edge(CLK) then Q <= Q+TW;          --相位累加
    end if;
end process;
process(Q)
begin
    case Q is
        when 00 => D <= 255; when 01 => D <= 254;    --波形查找表
        when 02 => D <= 252; when 03 => D <= 249;
        when 04 => D <= 245; when 05 => D <= 239;
```

```
when 06 => D <= 233; when 07 => D <= 225;
when 08 => D <= 217; when 09 => D <= 207;
when 10 => D <= 197; when 11 => D <= 186;
when 12 => D <= 174; when 13 => D <= 162;
when 14 => D <= 150; when 15 => D <= 137;
when 16 => D <= 124; when 17 => D <= 112;
when 18 => D <= 99;   when 19 => D <= 87;
when 20 => D <= 75;   when 21 => D <= 64;
when 22 => D <= 53;   when 23 => D <= 43;
when 24 => D <= 34;   when 25 => D <= 26;
when 26 => D <= 19;   when 27 => D <= 13;
when 28 => D <= 8;    when 29 => D <= 4;
when 30 => D <= 1;    when 31 => D <= 0;
when 32 => D <= 0;    when 33 => D <= 1;
when 34 => D <= 4;    when 35 => D <= 8;
when 36 => D <= 13;   when 37 => D <= 19;
when 38 => D <= 26;   when 39 => D <= 34;
when 40 => D <= 43;   when 41 => D <= 53;
when 42 => D <= 64;   when 43 => D <= 75;
when 44 => D <= 87;   when 45 => D <= 99;
when 46 => D <= 112; when 47 => D <= 124;
when 48 => D <= 137; when 49 => D <= 150;
when 50 => D <= 162; when 51 => D <= 174;
when 52 => D <= 186; when 53 => D <= 197;
when 54 => D <= 207; when 55 => D <= 217;
when 56 => D <= 225; when 57 => D <= 233;
when 58 => D <= 239; when 59 => D <= 245;
when 60 => D <= 249; when 61 => D <= 252;
when 62 => D <= 254; when 63 => D <= 255;
when others => null;
end case;
end process;
DD <= D;
END;
```

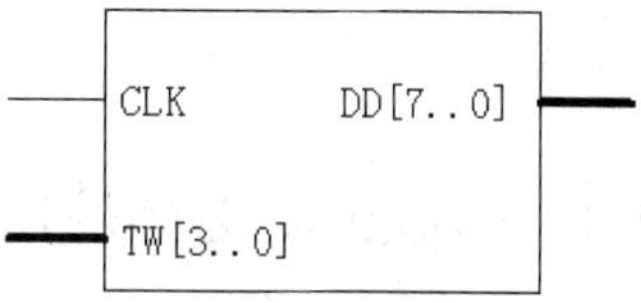

图 5-21 VHDL 程序的实体结构

这个程序描述了一个简化的 DDS 结构(见图 5-21),限于篇幅,只给出了 64 点(N = 6)的正弦波形表,频率控制字的位宽取 4 位。根据式(5-7)可知,在最高频率处(M = 15),每个周期波形有 4 次采样,可以唯一地恢复出此频率的模拟信号。

实际上在许多情况下,EDA 工具软件会自动识别 VHDL 程序中某些程序结构并将其综合为存储器,并自动调用嵌入式 RAM 构建的 LPM 存储器模块来实现,从而大大节省逻辑资源的耗用。可以综合为存储器的最典型的语句结构是 CASE 语句，EDA 软件将其综合为存储器的方法是将 CASE 语句表达式的选择值作为地址信号，各条件分支的赋值数据作为对应地址中存储的数据，比如"when 00 => D<=255;"就是将数据 255 存放于地址 00 中，CASE 语句的执行就是按照地址从存储器中读取数据。设置方法是进入 Settings 对话框，选择"Analysis & Synthesis Settings"，单击"More Settings"，将"Auto RAM Replacement"设为"On"即可(见图 5-22)。

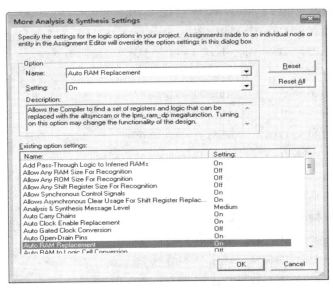

图 5-22　调用嵌入式存储器

图 5-23 所示是该程序在 Quartus II 中的仿真结果，图中频率控制字 TW = 0100(即 M = 4)，可以看出，此时一个周期由 16 个点组成。

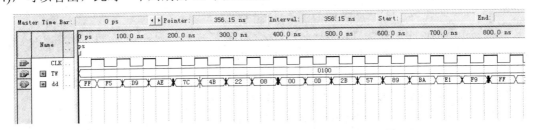

图 5-23　Quartus II 的仿真波形

5.4.3　SignalTap II 的使用

随着逻辑设计复杂性的增加，仅依赖于软件仿真来了解硬件系统的功能和存在的问题已远远不够了，硬件系统的测试也变得更加困难。为了解决这些问题，一些 FPGA 厂商提供了相应的工具来帮助设计者对硬件系统进行分析，如 Altera 公司的 SignalTap II、Xilinx 公司的 ChipScope 等。这类工具称为嵌入式逻辑分析仪，它可以随设计文件一起下载到目标芯片中，对目标芯片内部信号节点处的数据进行采样，然后通过 JTAG 端口将采样信息传出，送入计算机进行显示和分析。下面以 DDS 信号源为例，介绍 SignalTap II 的基本使用方法。

1．打开 SignalTapⅡ编辑窗口

在设计项目中新建文件，选择 SignalTap II Logic Analyzer File，即可打开 SignalTapⅡ编辑窗口(见图 5-24)。

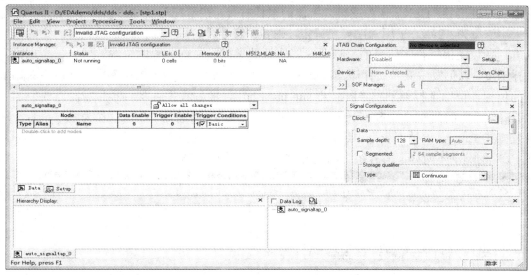

图 5-24　SignalTapⅡ编辑窗口

2．调入待测信号

Instance Manager 栏内的 auto_signaltap_0 表示一组待测信号名，单击此名可以将其改为"dds"，然后为其调入具体的待测信号；然后在其下栏空白处双击，即弹出 Node Finder 窗口，再于 Filter 栏选择"Pins: all"，单击 List 按钮，即出现与此项目有关的所有信号。选择需要观察的信号名，此案例我们选择 TW 和 DD，单击"OK"按钮即可将这些信号调入 SignalTapⅡ的信号观察窗口(见图 5-25)。注意不要将主频时钟信号 CLK 调入信号观察窗口，因为在此案例中我们将用 CLK 信号兼作逻辑分析仪的采样时钟；也不要随意调入不必要的信号，以免 SignalTapⅡ无谓地占用芯片内过多的存储资源。

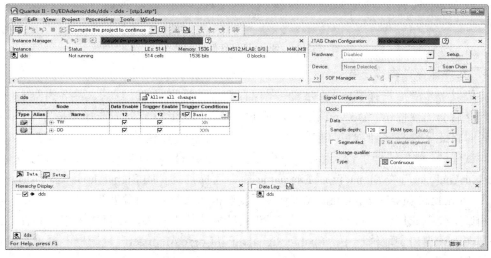

图 5-25　调入待测信号

3. SignalTap Ⅱ 参数设置

在 Signal Configuration 栏中设置 SignalTap Ⅱ 的参数。首先设置逻辑分析仪的采样时钟信号，单击 Clock 栏右侧的 "…" 按钮，即出现 Node Finder 窗口，本案例选择设计项目中的主频时钟信号 "CLK" 作为逻辑分析仪的采样时钟；接着在 Data 框的 Sample Depth 栏选择采用深度为 "2K"。采用深度一旦确定，则 dds 信号组的每一位信号都将获得同样的采样深度，所以应根据待测信号的采样要求、信号数量以及目标芯片的资源等情况，合理确定采样深度，以免发生嵌入式存储器不够用的情况。然后在 Trigger 栏设置采样深度中起始触发的位置，可以选择前触发 "Pre trigger position"。最后选择触发信号和触发方式，选中 "Trigger in" 复选框，在 Source 框选择触发信号，此案例选择 "CLR" 作为触发信号，在触发方式 Pattern 下拉列表框中选择高电平触发方式，即当 CLR 为高电平时，SignalTap Ⅱ 在 CLK 的驱动下对 dds 信号组中的信号进行采样(见图 5-26)。

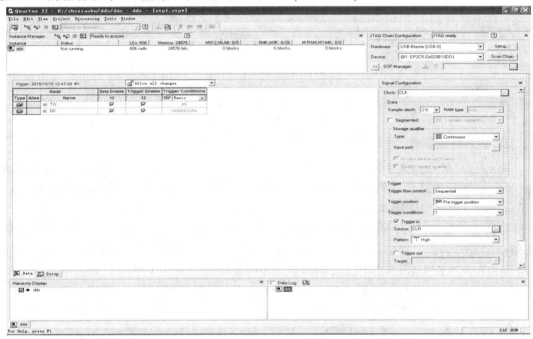

图 5-26   SignalTap Ⅱ 参数设置

4. 文件保存、编译下载

完成以上步骤后选择 File→save 命令，保存 SignalTap Ⅱ 文件，默认文件名为 "stp1.stp"，点击保存后会出现提示 "Do you want to enable SignalTap Ⅱ …"，应选择 "是"，表示同意在编译时将此文件与设计项目(dds)捆绑在一起进行编译，以便一同下载进目标芯片去完成实时测试任务。如果选择了否，也可以自行设置，方法是打开 Settings 窗口，选择 "SignalTap Ⅱ Logic Analyzer"，在 SignalTap Ⅱ File name 栏中选择已保存的 SignalTap Ⅱ 文件 "stp1.stp"，并选中 "Enable SignalTap Ⅱ Logic Analyzer" 复选框即可进行编译(见图 5-27)。需要注意的是，测试工作完成后，应将 SignalTap Ⅱ 部件从目标芯片中除去，以释放占用的硬件资源，方法是在上述窗口中取消选中 "Enable SignalTap Ⅱ Logic Analyzer" 复选框，再重新编译、下载一次即可。

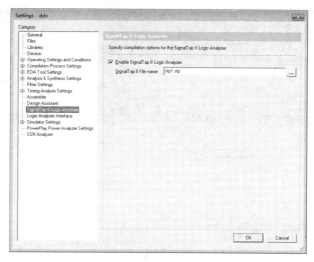

图 5-27 选择或删除 SignalTap II 文件加入编译

本案例使用 KX-7C5T 开发板，目标芯片是 Cyclone II 系列 EP2C5T144，板上提供了 20 MHz 时钟信号，为了使 SignalTap II Logic Analyzer 正常工作，必须将 CLK 引脚锁定于此时钟信号，将 TW 引脚锁定于开发板上的四位拨动开关，以改变频率控制字，CLR 可锁定于某个按键。

接着连接开发板 JTAG 口，打开 Programmer 窗口，准备下载 SOF 文件(关于编程下载的详细说明参见附录 B)。选择"dds.sof"文件，下载完成后即可开始测试。

5. 启动 SignalTap II 进行测试

打开 SignalTap II 文件，点击"Autorun Analysis"按钮，启动连续采样，通过按键使 CLR 为高电平，作为 SignalTap II 的采样触发信号，这时就可以在 SignalTap II 的数据窗口观察到来自目标芯片内部的实时信号了(见图 5-28 和图 5-29)。数据窗口中的坐标是采样深度的位数，全程共 2048 位。可以在数据窗口中右击需要观察的信号名，在弹出的菜单中选择 Bus Display Format→Unsigned Line Chart，就可以观察到类似模拟波形的数字信号波形。

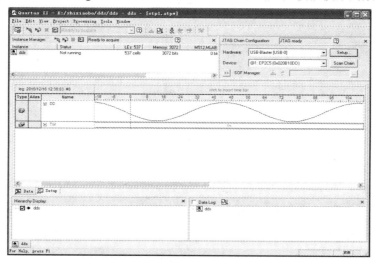

图 5-28 TW=1 时的采样波形

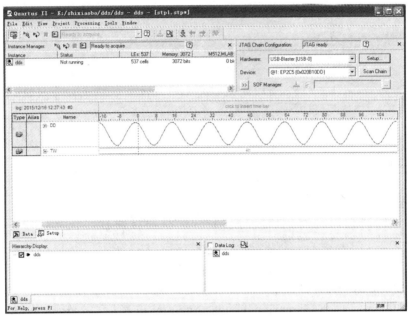

图 5-29　TW=4 时的采样波形

在实际设计中，可根据具体要求在示例程序的基础上进行扩展。为了提高波形的精度，N 值应该比较大，即波形 ROM 中存储的点数较多，这在数字系统中是很容易实现的。另一方面，为了提高频率分辨率，实现大范围的频率变化，频率控制字 M 的位数、相位累加器的位数也应该比较大。

5.4.4　思考题

本案例的相位累加器和波形查找表是写在一个程序中的，这样虽然简洁但不便扩展。请采用 LPM 的方式，定制一个 LPM_ROM 作为波形查找表，用层次化设计方法进行设计。

附录 A VHDL 关键字

ABS	ENTITY	NEXT	SELECT
ACCESS	EXIT	NOR	SEVERITY
AFTER	FILE	NOT	SIGNAL
ALIAS	FOR	NULL	SHARED
ALL	FUNCTION	OF	SLA
AND	GENERATE	ON	SLL
ARCHITECTURE	GENERIC	OPEN	SRA
ARRAY	GROUP	OR	SRL
ASSERT	GUARDED	OTHERS	SUBTYPE
ATTRIBUTE	IF	OUT	THEN
BEGIN	IMPURE	PACKAGE	TO
BLOCK	IN	PORT	TRANSPORT
BODY	INERTIAL	POSTPONED	TYPE
BUFFER	INOUT	PROCEDURE	UNAFFECTED
BUS	IS	PROCESS	UNITS
CASE	LABLE	RANGE	UNTIL
COMPONENT	LIBRARY	RECORD	VARIABLE
CONFIGURATION	LINKAGE	REGISTER	WAIT
CONSTANT	LITERAL	REJECT	WHEN
DISCONNECT	LOOP	REM	WHILE
DOWNTO	MAP	REPORT	WITH
ELSE	MOD	RETURN	XNOR
ELSIF	NAND	ROL	XOR
END	NEW	ROR	

附录 B　Quartus Ⅱ 使用入门

B.1　Quartus Ⅱ 软件综述

Quartus Ⅱ软件是 Altera 公司的综合开发工具，它集成了 Altera 公司的 FPGA/CPLD 开发流程中所涉及的所有工具和第三方软件接口。通过使用此综合开发工具，设计者可以创建、组织和管理自己的设计。

1. Quartus Ⅱ软件的特点及支持的器件

(1)　Quartus Ⅱ 软件具有以下特点：

① 支持多时钟定时分析、LogicLock^{TM} 基于块的设计、SOPC(单芯片可编程系统)，内嵌 SignalTap Ⅱ逻辑分析器、功率估计器等高级工具；

② 易于管脚分配和时序约束；

③ 强大的 HDL 综合能力；

④ 包含有 Maxplus Ⅱ 的 GUI，且易于 Maxplus Ⅱ 的工程平稳地过渡到 Quartus Ⅱ 开发环境；

⑤ 对于 Fmax 的设计具有很好的效果；

⑥ 支持的器件种类众多；

⑦ 支持 Windows、Solaris、Hpux 和 Linux 等多种操作系统；

⑧ 拥有第三方工具如综合、仿真等的链接。

(2) Quartus Ⅱ软件支持的器件：Quartus Ⅱ软件支持的器件种类众多，主要有 Stratix 和 Stratix Ⅱ、Cyclone、HardCopy、APEX Ⅱ 系列、Mercury 系列、Flex 10k 系列、Excalibur 系列、FIEX 600 系列、MAX Ⅱ 系列、MAX 3000A 系列、MAX 7000 系列、MAX 9000 系列等。

2. Quartus Ⅱ软件的用户界面

启动 Quartus Ⅱ软件后其默认界面如图 F-1 所示，由标题栏、菜单栏、工具栏、资源管理窗、编辑状态显示窗、信息显示窗和工程工作区等部分组成。

1) 标题栏

标题栏显示当前工程的路径和程序的名称。

2) 菜单栏

菜单栏主要由文件(File)、编辑(Edit)、视图(View)、工程(Project)、资源分配(Assignments)、操作(Processing)、工具(Tools)、窗口(Window)和帮助(Help)等 9 个下拉菜单组成。

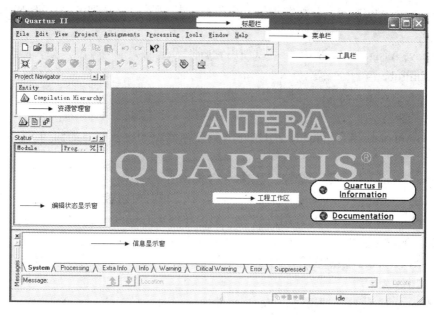

图 F-1   Quartus II 软件图形用户界面

其中工程(Project)、资源分配(Assignments)、操作(Processing)、工具(Tools)集中了 Quartus II 软件较为核心的全部操作命令，下面将分别介绍。

(1)【Project】菜单主要是对工程的一些操作。

【Add/Remove Files in Project】：添加或新建某种资源文件。

【Revisions】：创建或删除工程。

【Archive Project】：为工程归档或备份。

【Generate Tcl File for Project】：产生工程的 Tcl 脚本文件。

【Generate Power Estimation File】：产生功率估计文件。

【HardCopy Utilities】：跟 HardCopy 器件相关的功能。

【Locate】：将 Assignment Editor 中的节点或源代码中的信号在 Timing Closure Floorplan、编译后布局布线图、Chip Editor 或源文件中定位其位置。

【Set as Top-level Entity】：把工程工作区打开的文件设定为顶层文件。

【Hierarchy】：打开工程工作区显示的源文件的上一层或下一层的源文件以及顶层文件。

(2)【Assignments】菜单的主要功能是对工程的参数进行配置，如管脚分配、时序约束、参数设置等。

【Device】：设置目标器件型号。

【Assign Pins】：打开分配管脚对话框，给设计的信号分配管脚。

【Timing Settings】：打开时序约束对话框。

【EDA Tool Settings】：设置 EDA 工具，如 Synplify 等。

【Settings】：打开参数设置页面，可以切换到使用 Quartus II 软件开发流程的每个步骤所需的参数设置页面。

【Wizard】：启动时序约束设置、编译参数设置、仿真参数设置、software Build 参数设置。

【Assignment Editor】：分配编辑器，用于分配管脚、设定管脚电平标准、设定时序约束等。

【Remove Assignments】：用户可以使用它删除设定的类型的分配，如管脚分配、时序分配、SignalProbe 信号分配等。

【Demote Assignments】：允许用户降级使用当前较不严格的约束，使编译器更高效地编译分配和约束等。

【Back-Annotate Assignments】：允许用户在工程中反标管脚、逻辑单元、LogicLock区域、节点、布线分配等。

【Import Assignments】：给当前工程导入分配文件。

【Timing Closure Floorplan】：启动时序收敛平面布局规划器。

【LogicLock Region】：允许用户查看、创建和编辑 LogicLock 区域约束以及导入导出LogicLock 区域约束文件。

(3) 【Processing】菜单包含了对当前工程执行各种设计流程，如开始综合、开始布局布线、开始时序分析等。

(4) 【Tools】 菜单是调用 Quartus II 软件中集成的一些工具，如 MegaWizard Plug-In manager(用于生成 IP 核和宏功能模块)、Chip Editor、RTL Viewer、Programmer 等工具。

3) 工具栏

工具栏中包含了常用命令的快捷图标。将鼠标移到相应图标时，在鼠标下方出现此图标对应的含义，而且每种图标在菜单栏均能找到相应的命令菜单。用户可以根据需要将自己常用的功能定制为工具栏上的图标，以方便在 Quartus II 软件中灵活快速地进行各种操作。

4) 资源管理窗

资源管理窗用于显示当前工程中所有相关的资源文件。资源管理窗左下角有三个标签，分别是结构层次(Hierarchy)、文件(Files)和设计单元(Design Units)。结构层次窗口在工程编译之前只显示了顶层模块名，工程编译了一次后，此窗口按层次列出了工程中所有的模块，并列出了每个源文件所用资源的具体情况。顶层可以是用户产生的文本文件，也可以是图形编辑文件。文件窗口列出了工程编译后的所有文件，文件类型有设计器件文件(Design Device Files)、软件文件(Software Files)和其他文件(Others Files)。设计单元窗口列出了工程编译后的所有单元，如 AHDL 单元、Verilog 单元、VHDL 单元等，一个设计器件文件对应生成一个设计单元，参数定义文件没有对应设计单元。

5) 工程工作区

器件设置、定时约束设置、底层编辑器和编译报告等均显示在工程工作区中，当Quartus II 实现不同功能时，此区域将打开相应的操作窗口，显示不同的内容，进行不同的操作。

6) 编辑状态显示窗

编辑状态显示窗主要是显示模块综合、布局布线过程及时间。模块(Module)列出工程模块，过程(Process)显示综合、布局布线进度条，时间(Time)表示综合、布局布线所耗费时间。

7) 信息显示窗

信息显示窗显示 Quartus II 软件综合、布局布线过程中的信息，如开始综合时调用源文件、库文件，综合布局布线过程中的定时、告警、错误等。如果是告警和错误，则会给出具体的引起告警和错误的原因，方便设计者查找及修改错误。

B.2 设 计 输 入

Quartus II 软件中的工程由所有设计文件和与设计文件有关的设置组成。用户可以使用 Quartus II 原理图输入方式、文本输入方式、模块输入方式和 EDA 设计输入工具等表达自己的电路构思。设计输入的流程如图 F-2 所示。

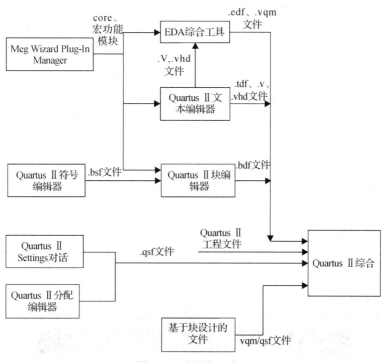

图 F-2 设计输入流程

1．设计输入方式

设计输入可以使用文本形式的文件(如 VHDL、Verilog HDL、AHDL 等)、存储器数据文件(如 HEX、MIF 等)、原理图设计输入，以及第三方 EDA 工具产生的文件(如 EDIF、HDL、VQM 等)。同时，还可以混合使用以上几种设计输入方法进行设计。

1) Verilog HDL/VHDL 硬件描述语言设计输入方式

大型设计中一般都采用 HDL 设计方法。HDL 设计方法是大型模块化设计工程中最常用的设计方法。目前较为流行的 HDL 有 VHDL、Verilog HDL 等。它们的共同特点是易于使用"自顶向下"的设计方法、易于模块划分和复用、移植性强、通用性好、设计不因芯片工艺和结构的改变而变化、利于向 ASIC 的移植。HDL 是纯文本文件，用任何文本编辑器都可以编辑，有些编辑器集成了语言检查、语法辅助模板等功能，这些功能给 HDL 的设计和调试带来了很大的便利。

2) AHDL(Altera Hard Description Language)输入方式

AHDL 是完全集成到 Quartus II 软件系统中的一种高级、模块化语言。可以用 Quartus II 软件文本编辑器或其他的文本编辑器产生 AHDL 文件。一个工程中可以全部使用 AHDL，也可以和其他类型的设计文件混用。AHDL 只能用于 Altera 公司器件的 FPGA/CPLD 设计，其代码不能移植到其他厂商器件上(如 Xilinx 公司、Lattice 公司等)使用，通用性不强，所以较少使用。

3) 模块/原理图(Block Diagram/Schematic Files)输入方式

原理图输入方式是 FPGA/CPLD 设计的基本方法之一，几乎所有的设计环境都集成有原理图输入方法。这种设计方法直观、易用，支撑它的是一个功能强大的器件库。然而由于器件库元件通用性差，导致其移植性差，如更换设计实现的芯片信号或厂商不同时，则整个原理图需要做很大修改甚至是全部重新设计。所以原理图设计方式主要是一种辅助设计方式，更多地应用于混合设计中的个别模块设计。

4) 使用 MegaWizard Plug-In Manager 产生 IP 核/宏功能块

MegaWizard Plug-In Manager 工具的使用基本可以分为以下几个步骤：工程的创建和管理，查找适用的 IP 核/宏功能模块及其参数设计与生成，IP 核/宏功能模块的仿真与综合等。

2. 设计输入实例

下面以原理图输入为例，讲述图形方法设计的整个流程，介绍一个模为 12 的计数器的设计。

1) 建立工程项目

(1) 在 D 盘根目录新建一个文件夹，命名为"my_project"，用来存放工程所有的相关文件。

(2) 双击桌面上 Quartus II 9.0 的图标，启动 Quartus II 9.0 软件。

(3) 选择 File→New Project Wizard...菜单命令，启动工程建立向导，如图 F-3 所示。

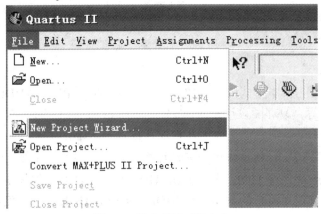

图 F-3 新建项目工程命令

弹出创建工程指南窗口，告诉用户此指南将引导如何创建工程、设置顶层设计单元、引用设计文件、器件设置等，如图 F-4 所示。

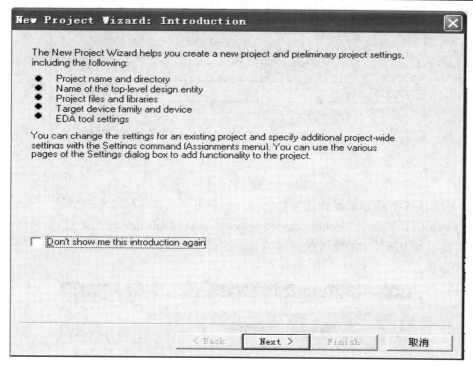

图 F-4　创建工程指南窗口

　　(4) 单击工程指南窗口中的"Next"按钮，进入工程命名页面。在"What is the working directory for this project？"栏目中设定新项目所使用的路径"\my_project"；在"What is the name of this project？"栏目中输入工程项目名称"cnt12"；在工程的顶层设计实体名中输入顶层模块名，其名字必须与顶层文件名字相同；点击"Next"按钮进入下一步继续操作，如图 F-5 所示。

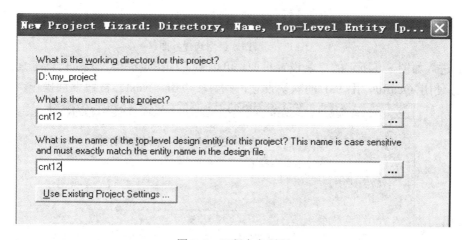

图 F-5　工程命名页面

　　(5) 在如图 F-6 所示的设计文件选择页面可以单击"Add"按钮，向新工程中加入已存在的设计文件(可以是原理图文件、VHDL、Verilog HDL 文件等)。此处因设计文件还没有建立，所以点击"Next"按钮，跳过这一步。

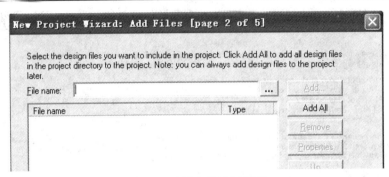

图 F-6　设计文件选择页面

(6) 在如图 F-7 所示的器件族类型选择界面，可以选择目标器件的型号。Family 栏目设置为"Cyclone Ⅱ"，选中"Specific device selected in'Available devices'list 选项，在 Available device 窗口中选中所使用的器件的具体型号，这里以 "EP2C5T144C8" 为例，点击 "Next" 按钮继续操作。

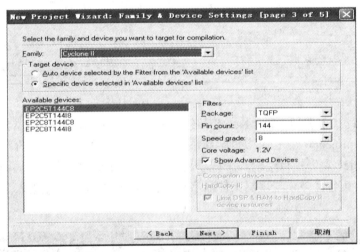

图 F-7　器件族类型选择界面

(7) 进入如图 F-8 所示的工具设置页面，可以为工程指定综合工具、仿真工具、时间分析工具。使用 Quartus Ⅱ 9.0 的默认设置，则直接点击 "Next" 按钮继续操作。

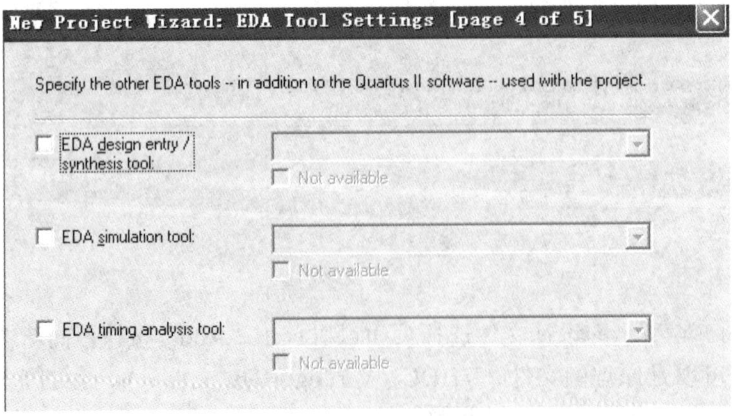

图 F-8　工具设置页面

(8) 检查全部参数，若无误，点击"Finish"按钮完成工程创建，如图 F-9 所示。

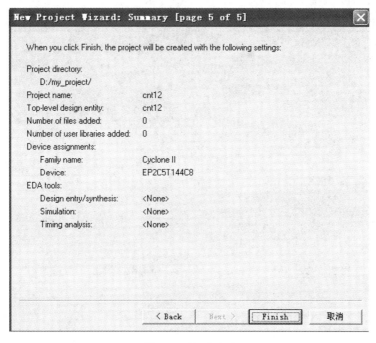

图 F-9 摘要页面

2) 建立原理图输入文件

(1) 建立原理图文件。在 File 菜单下，点击 New 命令。在随后弹出的对话框中选择"Block Diagram/Schematic File"选项，点击"OK"按钮，如图 F-10 所示。

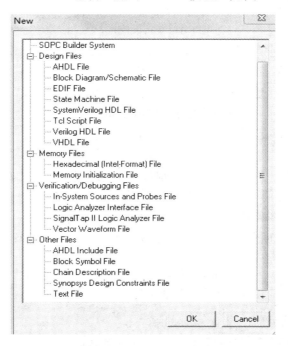

图 F-10 New 对话框

(2) 点击 "OK" 按钮，则会在主界面中打开 "Block Editor" 窗口，见图 F-11。

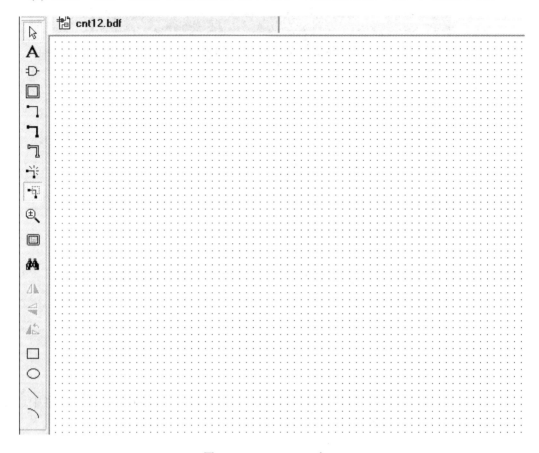

图 F-11　Block Editor 窗口

Block Editor 窗口包括主绘图区和主绘图工具条两部分。主绘图区是用户绘制原理图的区域，绘图工具条包含了绘图所需要的一些工具。简要说明如下：

选择工具：用于选择图中的器件、线条等绘图元素。

插入器件：从器件库内选择要添加的器件。

插入模块：插入已设计完成的底层模块。

正交线工具：用于绘制水平和垂直方向的连线。

正交总线工具：用于绘制水平和垂直方向的总线。

打开/关闭橡皮筋连接功能：按下，橡皮筋连接功能打开，此时移动器件，则连接在器件上的连线也会跟着移动，不改变同其他器件的连接关系。

打开/关闭局部正交连线选择功能：按下时打开局部正交连线选择功能，此时可以通过用鼠标选择两条正交连线的局部。

放大和缩小工具：按下时，点击鼠标左键则放大显示绘图工具区，点击右键则缩小显示绘图工作区。

全屏显示：将当前主窗口全屏显示。

垂直翻转：将选中的器件或模块进行垂直翻转。

◁ 水平翻转：将选中的器件或模块进行水平翻转。

🔄 旋转 90°：将选中的器件或模块逆时针方向旋转 90°。

(3) 同名保存。在 File 菜单下选择 Save As 命令，将其保存，保存名为 cnt12. bdf，如图 F-12 所示。默认的文件名为项目顶层模块名加上 ".bdf" 后缀。

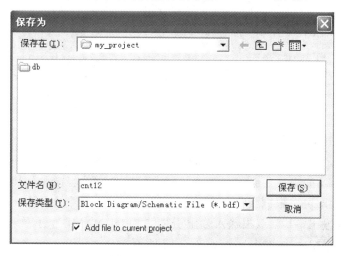

图 F-12　Save as 对话框

(4) 按设计要求添加元件符号。在主绘图区双击鼠标左键，弹出 Symbol 对话框，如图 F-13 所示。

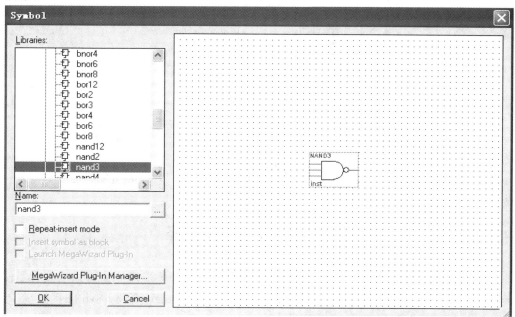

图 F-13　Symbol 对话框

在 Name 栏输入需添加的元件，如 74161、nand3(三输入与非门)、not(非门)、vcc(5 V 电源、高电平)、gnd(接地、低电平)、input(输入引脚)、output(输出引脚)等，回车或点击 "OK" 按钮，此时在鼠标光标处将出现该器件图标，并随鼠标的移动而移动，在合适的位置点击鼠标左键，放置一个器件。用同样方法添加所有所需的器件，如图 F-14 所示。

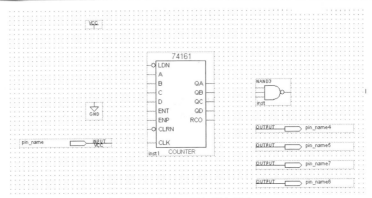

图 F-14　添加元件到编辑窗口

(5) 连线。连接器件的两个端口时，先将鼠标移到其中一个端口上，这时鼠标指示符自动变为"+"形状，然后一直按住鼠标的左键并将鼠标拖到第二个端口，放开左键，则一条连接线被画好了。如果需要删除一条连接线，可单击这条连接线使其成高亮线，然后按键盘上的 Delete 键即可。根据我们要实现的逻辑，连好各器件的引脚。

(6) 命名输入输出端口。双击输入输出引脚的"PIN_NAME"，会弹出一个属性对话框，在这个对话框上可更改引脚的名字，如图 F-15 所示。

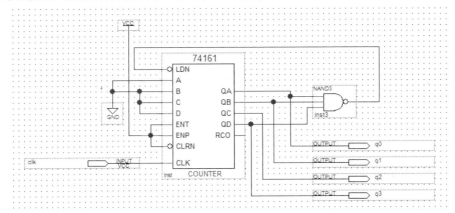

图 F-15　完成的原理图

(7) 保存文件。从 File 菜单下选择 Save 命令，扩展名为".bdf"。

B.3　项　目　编　译

在完成输入后，设计项目必须经过一系列的编译处理才能转化为可以下载到器件内的编程文件。Quartus II 的主要编译过程是：分析和综合(Analysis & Synthesis)、布局布线(Fitter)、汇编(Assembler)、时序分析(Timing Analyzer)。这四个步骤在 GUI 界面中的 Processing 下都有对应的工具栏按钮，可以分别执行，也可以通过全编译(Compilation)按钮一次完成。

1. 分析设计

在 Process 菜单下选择 Start→Analysis and Synthesis(分析与综合)，如图 F-16 所示。

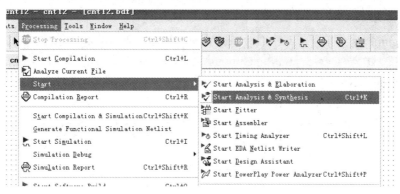

图 F-16　分析与综合

注意: 应该将要编译的文件设置成顶层文件才能对它进行编译,设置方法为在资源管理窗口中,点击左边 Project Navigator 窗口中的 files 标签,选中要编译的 bdf 文件,点击鼠标右键,在弹出的菜单中选择 Set as Top-level Entity。

在项目处理期间,所有信息、错误和警告将会在自动打开的信息处理窗口中显示出来。如果有错误或警告发生,双击该错误或警告信息,就会找到该错误或警告在设计文件中的位置。其中错误必须要修改,否则无法执行后续的项目处理,对于警告则要分情况处理。

2. 分配引脚

Analysis and Synthesis 全部通过后,为了把我们的设计下载到实际电路中进行验证,还必须把设计项目的输入输出端口和器件相应的引脚绑定在一起。

选择菜单 Assignments→Pins,弹出 Assignments Editor 窗口。选择菜单 View→Show All Known Pin Names,此时编辑器将显示所有的输入输出信号,其中"To"列是信号列,"Location"列是引脚列,"General Function"列显示该引脚的通用功能。对于一个输入输出信号,双击对应的"Location"列,在弹出的下拉列表框内选择需要绑定的管脚号。完成所有引脚的绑定,保存修改,此时原理图设计文件将给输入输出端口添加引脚编号(见图 F-17)。

		Node Name	Direction	Location	I/O Bank	VREF Group	
1		clk	Input				LV
2		q0	Output				LV
3		q1	Output				LV
4		q2	Output				LV
5		q3	Output				LV
6		<<new node>>					

图 F-17　分配引脚

3. 配置器件

在 Assignments 菜单下,点击 Device…命令。在随后弹出的对话框中点击 Device & Pin Options…按钮,进入 Device and Pin Options 对话框。切换到该对话框的 Configuration 页,在 Configuration device 栏目中, 选中 Use configuration device 选项, 配置器件型号选择 EPCS1, 同时, 选中 Generate compressed bitstreams 选项, 见图 F-18。

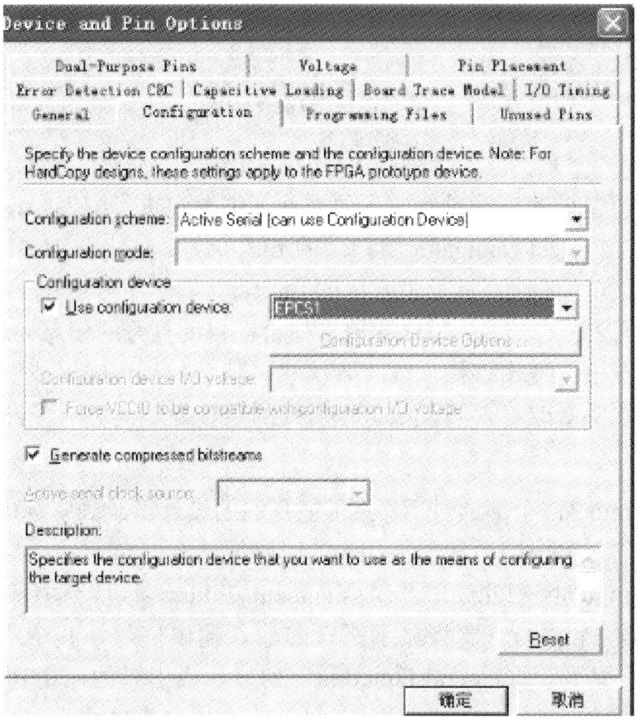

图 F-18　配置器件型号

4. 开始编译

Analysis and Synthesis 和管脚分配完成后, 可以点击 ▶ 进行全编译。在 Processing 菜单下, 点击 Start Compilation 命令, 开始编译我们的项目。编译结束后, 点击"确定"按钮。

B.4　项　目　仿　真

在完成设计输入和编译后, 我们可以通过软件来检验设计的逻辑功能和计算设计的内部定时是否符合设计要求。常见的设计项目校验包括功能仿真、定时分析和时序仿真。

1. 建立输入激励波形文件

仿真工具会用到输入激励波形文件(.vwf), 以确定每个输入管脚的激励信号。在 File 菜单下, 点击 New 命令。在随后弹出的对话框中, 选中 Vector Waveform File 选项(见图 F-19), 点击 "OK" 按钮。

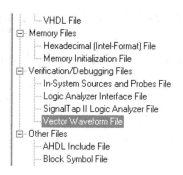

图 F-19　新建波形文件

(1) 添加端口。

现在，我们已经进入到波形编辑界面。在 Edit 菜单下，点击 Insert Node or Bus…命令，弹出如图 F-20 所示的对话框。

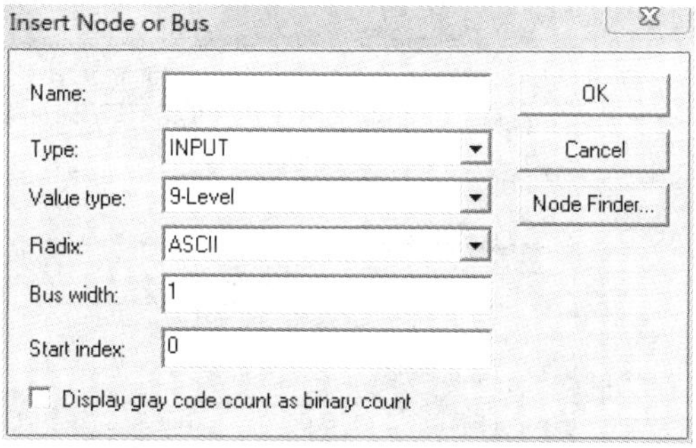

图 F-20　添加端口或总线

在图 F-20 所示的对话框中点击"Node Finder…"按钮，打开如图 F-21 所示的 Node Finder 对话框。点击"List"按钮，列出电路所有的端子。(选 PIN：all) 点击 >> 按钮，全部加入。点击"OK"按钮确认。

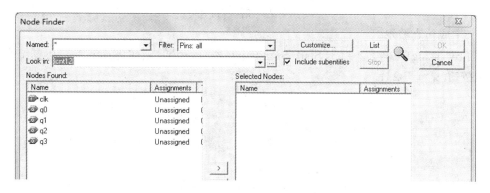

图 F-21　Node Finder 对话框

(2) 为输入信号建立输入激励波形。

在波形文件中添加好输入/输出信号后，就可开始为输入信号建立输入激励波形。

① 在 Tools 菜单中选择"Options"项，打开参数设置对话框，选择"Waveform Editor"项设置波形仿真器参数。在这个对话框里我们设置"Snap to grid"为不选中，其他为缺省值即可。

② 从菜单 Edit 下选择"End Time"项，弹出终止时间设定对话框，根据设计需要设置仿真终止时间。

③ 利用波形编辑器工具栏提供的工具为输入信号赋值，工具栏中主要按钮的功能介绍如下。

🔍 放大缩小工具：利用鼠标左键放大/右键缩小显示仿真波形区域。

▣ 全屏显示：全屏显示当前波形编辑器窗口。

⌐₀ 赋值 0：对某段已选中的波形，赋值 0，即强 0。

⌐₁ 赋值 1：对某段已选中的波形，赋值 1，即强 1。

⊗ 时钟赋值：为周期性时钟信号赋值。

④ 用鼠标左键单击 Name 区的信号，该信号全部变为蓝色，表示该信号被选中。用鼠标左键单击 ⌐₁ 按钮即可将该信号设为 1。选中信号，单击工具条中的 ⊗ 按钮打开 Clock 对话框，输入所需的时钟周期，单击"OK"按钮关闭此对话框即可生成所需时钟(见图 F-22)。

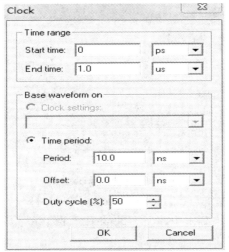

图 F-22　时钟对话框

(3) 生成仿真波形。

在 Processing 菜单下，点击 Start Simulation 命令，开始生成仿真波形，仿真结束后点击确定按钮(见图 F-23)。

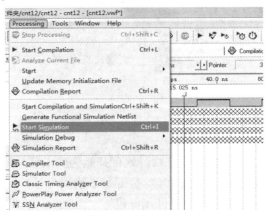

图 F-23　仿真命令

(4) 保存。

从 File 菜单中选择"Save",将此波形文件保存为默认名,扩展名".vwf"表示该文件是仿真波形激励文件。最终得到仿真波形报告(见图 F-24)。

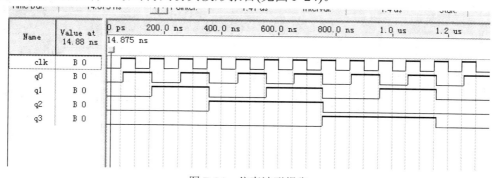

图 F-24　仿真波形报告

2. 可编程系统的仿真方式

可编程系统的仿真一般分为功能仿真和时序仿真。

(1) 功能仿真。功能仿真,主要是检查逻辑功能是否正确。功能仿真的方法如下:

① 在 Tools 菜单下选择"Simulator Tool"项,打开 Simulator Tool 对话框。在"Simulator Mode"下拉列表框中选择"Functional"项,在"Simulation input"栏中指定波形激励文件。单击"Generator Functional Simulator Netlist"按钮,生成功能仿真网表文件。

② 仿真网表生成成功后,点击"Start"按钮,开始功能仿真。仿真计算完成后,点击"Report"按钮,打开仿真结果波形。

③ 观察输出波形,检查是否满足设计要求。

(2) 时序仿真。时序仿真是在功能仿真的基础上利用在布局布线中获得的精确延时参数进行的精确仿真。一般时序仿真的结果和实际结果非常接近,但由于要计算大量的时延信息,仿真速度比较慢。时序仿真的详细步骤如下:

① 在 Simulator Tool 对话框的"Simulator Mode"下拉列表框中选择"Timing"项,在"Simulation input"栏中指定波形激励文件。

② 点击"Start"按钮,开始时序仿真。仿真计算完成后,点击"Report"按钮,打开和功能仿真类似的仿真结果波形。

在 Processing 菜单下,选择 Start Simulation 启动仿真工具。仿真结束后,点击确认按钮。观察仿真结果,对比输入与输出之间的逻辑关系是否符合真值表。

B.5　器件编程（下载）

器件编程是使用项目处理过程中生成的编程文件对器件进行编程的,在这个过程中可以对器件编程、校验、试验,检查是否空白以及进行功能测试。

1. 编程下载步骤

(1) 用下载电缆将计算机并口和实验设备连接起来,接通电源。

(2) 选择 Tools→Programmer 菜单，打开 Programmer 窗口(见图 F-25)。

在开始编程之前，必须正确设置编程硬件。点击"Hardware Setup…"按钮，打开硬件设置窗口。

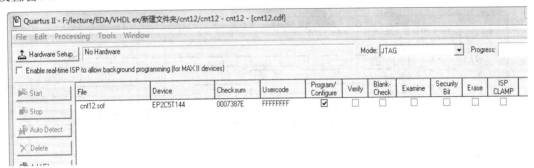

图 F-25　Programmer 窗口

(3) 点击"Add Hardware"按钮打开硬件添加窗口(见图 F-26)。

在"Hardware type"下拉框中选择"ByteBlasterMV or ByteBlaster Ⅱ"，在"Port"下拉框中选择"LPT1"，点击"OK"按钮确认，关闭 Hardware Setup 窗口，完成硬件设置。

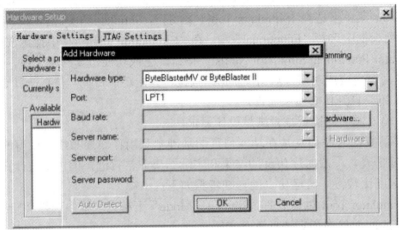

图 F-26　添加硬件窗口

(4) 将模式 Mode 选为 JTAG 方式下载。

(5) 将 Program/Configure 选中。

(6) 点击"Start"按钮，开始编程。

2. 编程配置模式

Altera FPGA 包含多种下载格式文件，其中最常用的即为 SOF 文件和 POF 文件。SOF 文件为在线直接烧写 FPGA 配置区，可以采用 JTAG 等模式下载。POF 文件用于 AS 模式下将配置数据下载到配置芯片中。

1) AS 模式编程

为了使 FPGA 在上电启动后仍然保持原有的配置文件，并能正常工作，必须将配置文件烧写进专用的 Flash 配置芯片 EPCSx 中。EPCSx 是 Cyclone Ⅱ/Ⅲ等系列器件的专用配置器件，Flash 存储结构，编程周期 10 万次。编程模式为 Active Serial(AS)模式，编程接口为

ByteBlaster Ⅱ 或 USB-Blaster。为增加可靠性和增加 Flash 的寿命，这里推荐使用下面的间接编程方式对 EPCSx Flash 进行编程。

2) JTAG 间接模式编程配置器件

由于直接 AS 模式下载涉及复杂的保护电路，为了能可靠地下载和延长 Flash 的寿命，使用 JTAG 口对 EPCS 器件进行简单配置的方法。具体方法是：首先将 SOF 文件转化为 JTAG 间接配置文件(后缀为.jic)，再通过 FPGA 的 JTAG 口将此文件载入 FPGA 中，并利用 FPGA 中载有的对 EPCS 器件配置的电路结构，向该器件进行编程。

3) USB-Blaster 编程配置器件

在初次使用 USB-Blaster 编程器前，需要首先安装 USB 驱动程序。

将 USB-Blaster 编程器的一端插入 PC 的 USB 口，这时会弹出一个 USB 驱动程序对话框，根据对话框的引导，选择用户自己搜索驱动程序，假定 Quartus Ⅱ 安装在 D 盘，则驱动程序的路径为 D:\altera\quartus90\drivers\usb-blaster。

安装完毕后，打开 Quartus Ⅱ，选择编程器，单击左上角的"Hardware Setup"按钮，在弹出的窗口中选择 USB-Blaster 项后双击，此后就能如同此前介绍的编程器一样使用了。

B.6　其他输入法

前面已经详细介绍用原理图输入法进行项目的设计、编译、仿真、下载等过程。本节将以半加器和全加器为例，介绍 Quartus Ⅱ 其他输入法，如 VHDL 输入和层次化设计。

1. VHDL 输入法

以半加器的 VHDL 设计为例。

VHDL 输入法设计项目过程与图 F-27 所示的原理图输入基本相似，故不再赘述具体步骤，此次仅讲述 VHDL 输入法需注意的地方。

(1) 建立 VHDL 文件。在 File 菜单下点击 New 命令，在随后弹出的对话框中选择"VHDL File"选项，点击"OK"按钮(见图 F-28)。

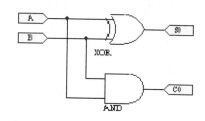

图 F-27　半加器原理图

(2) 同名保存。在 File 菜单下选择"Save As"命令，将其保存，保存名为"bjq.VHD"。默认的文件名为项目顶层模块名加上".VHD"后缀。

(3) 输入 VHDL 程序。例程如下：

```
LIBRARY IEEE;
USE IEEE.STD_LOGIC_1164.ALL;
ENTITY BJQ IS
PORT(A, B:  IN STD_LOGIC;  C0, S0:  OUT
STD_LOGIC);
END ENTITY BJQ;
```

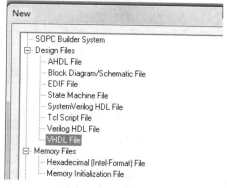

图 F-28　New 对话框

ARCHITECTURE FHL OF BJQ IS

BEGIN

　　S0 <= (A xor B);

　　C0 <= (A and B);

　END ARCHITECTURE FHL;

注意：程序中的实体名必须和项目名以及文件名一致，不区分大小写，故程序中的实体名为 BJQ。

2. 层次化输入法

以全加器为例介绍用原理图(见图 F-29)进行层次化设计输入。

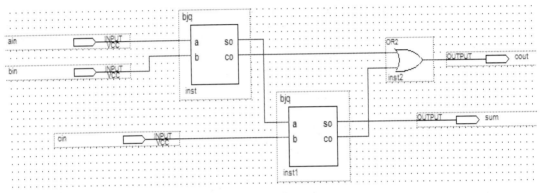

图 F-29　全加器原理图

(1) 建立一个文件夹，如 E:\myproject。

本项目所有相关设计都放入此文件夹内，包括之前设计的半加器项目所有文件以及现在设计的全加器项目所有文件。

(2) 生成半加器符号。打开半加器项目，执行 File→Create/Update→Create Symbol File for Current File，生成半加器符号 bjq.bsf(见图 F-30)。

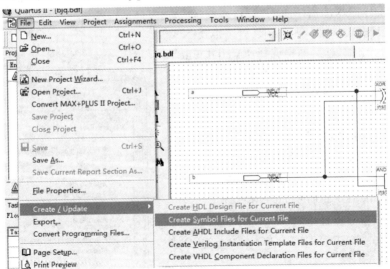

图 F-30　生成符号

(3) 用原理图输入法设计全加器项目。在 Symbol 对话框中，可在 Project 项下找到预先设计生成的半加器符号(见图 F-31)。

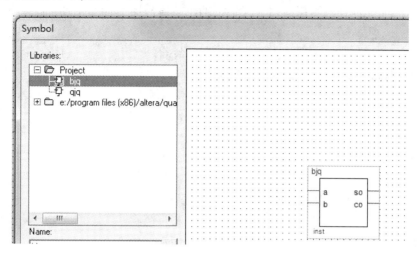

图 F-31　符号对话框

B.7　练习与测评

一、选择题

1. 下列常用热键具有在器件浮动状态时，编辑器件属性功能的是(　　　)。

A. PgUp　　　　　　B. Tab　　　　　　C. Space bar　　　　　D. Esc

2. Quartus Ⅱ 是：　(　　　)。

A. 高级语言　　　　　　　　　　　B. 硬件描述语言

C. EDA 工具软件　　　　　　　　　D. 综合软件

3. Quartus Ⅱ 工具软件具有(　　)等功能。

A. 编辑　　　　　B. 编译　　　　　　C. 编程　　　　　D. 以上均可

4. 以下(　　)不是 Quartus Ⅱ 所支持的设计输入方法。

A. 图形输入法　　　　　　　　　　B. 文本输入法

C. 面向对象输入法　　　　　　　　D. 波形输入法

5. 在 Quartus Ⅱ 中，利用图形编辑器创建的图形设计文件的扩展名为(　　　)。

A. tdf　　　　　B. vhd　　　　　　C. vwf　　　　　　D. bdf

6. 在 Quartus Ⅱ 中，利用波形编辑器创建的波形设计文件的扩展名为(　　　)。

A. tdf　　　　　　B. vhd　　　　　　C. vwf　　　　　　D. bdf

7. 在 Quartus Ⅱ 中，利用文本编辑器和 AHDL 创建的设计文件的扩展名为(　　　)。

A. tdf　　　　　　B. vhd　　　　　　C. vwf　　　　　　D. bdf

8. 在 Quartus Ⅱ 中，利用文本编辑器和 VHDL 创建的设计文件的扩展名为(　　　)。

A. tdf　　　　　　B. vhd　　　　　　C. vwf　　　　　　D. bdf

9. 在 Quartus Ⅱ 工具软件中，完成编译网表提取、数据库建立、逻辑综合、逻辑分割、适配、延时网表提取和编程文件汇编等操作，并检查设计文件是否正确的过程称为(　　)。

　　A. 编辑　　　　　　B. 编译　　　　　　C. 综合　　　　　　D. 编程

10. 使用 Quartus Ⅱ 的图形编辑方式输入的电路原理图文件必须通过(　　)才能进行仿真验证。

　　A. 编辑　　　　　　B. 编译　　　　　　C. 综合　　　　　　D. 编程

11. 使用 Quartus Ⅱ 工具软件实现原理图设计输入，应采用(　　)方式。

　　A. 图形编辑　　　　　　　　　　　B. 文本编辑

　　C. 符号编辑　　　　　　　　　　　D. 波形编辑

12. 使用 Quartus Ⅱ 工具软件实现文本设计输入，应采用(　　)方式。

　　A. 图形编辑　　　　　　　　　　　B. 文本编辑

　　C. 符号编辑　　　　　　　　　　　D. 波形编辑

13. 使用 Quartus Ⅱ 工具软件建立仿真文件，应采用(　　)方式。

　　A. 图形编辑　　　　　　　　　　　B. 文本编辑

　　C. 符号编辑　　　　　　　　　　　D. 波形编辑

14. 在 Quartus Ⅱ 工具软件中，包括门电路、触发器、电源、输入、输出等元件的元件库是(　　)文件夹。

　　A. \Quartus\libraries\megafunctions

　　B. \Quartus\libraries\primitives

　　C. \Quartus\libraries\others

　　D. \Quartus\libraries\others\maxplus2

二、判断题

1. Quartus Ⅱ 支持的输入文件编辑方式包括图形编辑方式和文本编辑方式。(　　)

　　A. 正确　　　　　　　　　B. 错误

2. 用 Quartus Ⅱ 的输入法设计的文件不能直接保存在根目录上，因此设计者在进入设计之前，应当在计算机中建立保存设计文件的工程目录。(　　)

　　A. 正确　　　　　　　　　B. 错误

3. \Quartus\libraries\primitives\storage 器件库中包括触发器、锁存器等元件。(　　)

　　A. 正确　　　　　　　　　B. 错误

4. \Quartus\libraries\others 器件库中包括加法器、编码器、译码器、计数器、移位寄存器等 74 系列器件。(　　)

　　A. 正确　　　　　　　　　B. 错误

5. \Quartus\libraries\megafunctions 是参数化器件库，包括参数可设置的与门 lpm_and、参数可预置的三态缓冲器 lpm_bustrii 等器件。(　　)

　　A. 正确　　　　　　　　　B. 错误

6. 执行 Quartus Ⅱ 的 "Timing Analyzer tool" 命令，可以精确测量设计电路输入与输出波形间的延时量。(　　)

　　A. 正确　　　　　　　　　B. 错误

7. Quartus Ⅱ 软件中的波形编辑器可以生成和编辑仿真用的波形(*.vwf 文件)。(　　)

　　A. 正确　　　　　　　　　B. 错误

8. 在初次安装 Quartus Ⅱ 软件后第一次对设计文件编程下载时，需要选择 ByteBlaster 编程方式，此编程方式对应计算机的并口编程下载通道。(　　)

A. 正确　　　　　　　　　　　B. 错误

9. Quartus Ⅱ 中使用图形编辑器输入电路图时，图中的器件可以调用器件库中的器件，但不能调用该软件中的符号功能形成的功能块。(　　)

A. 正确　　　　　　　　　　　B. 错误

10. Quartus Ⅱ 软件中的文本编辑器支持 VHDL、AHDL 和 Verilog 硬件描述语言的输入。(　　)

A. 正确　　　　　　　　　　　B. 错误

参 考 文 献

[1]　赵岩，林白，王志强. 实用 EDA 技术与 VHDL 教程. 北京：人民邮电出版社，2011.

[2]　谭会生. EDA 技术及应用实践. 长沙：湖南大学出版社，2010.

[3]　焦素敏. EDA 技术与实践. 北京：化学工业出版社，2013.

[4]　雷伏容，李俊，尹霞. EDA 技术与 VHDL 程序开发基础教程. 北京：清华大学出版社，2010.

[5]　赵全利，秦春斌，梁勇，等. EDA 技术及应用教程. 北京：机械工业出版社，2009.

[6]　潘松，黄继业. EDA 技术实用教程：VHDL 版. 北京：科学出版社，2010.